全国气候影响评价

CHINA CLIMATE IMPACT ASSESSMENT

(2019)

中国气象局国家气候中心　编

气象出版社
China Meteorological Press

内容简介

本书是国家气候中心气象灾害风险管理室业务产品之一。全书共分为五章，第一章为气候背景，介绍了2019年全球和中国气候概况以及主要气候系统基本特征；第二章分类综述了对中国影响较大的干旱、暴雨洪涝、台风、冰雹与龙卷风、低温冷冻和雪灾、高温、沙尘天气等重大天气气候事件及其影响；第三章阐述了气候对农业、水资源、生态、大气环境、能源需求、人体健康和交通的影响评估；第四章为专题报告，主要介绍一年来国内外有关灾害风险评估的新技术方法、评估模型等；第五章摘录了全国各省（区、市）气候影响评价分析。

本书资料详实、内容丰富，较好地概括了2019年中国气候与环境和社会经济因素之间的相互作用及影响，可供从事气象、农业、水文、生态以及环境保护等方面的业务、科研和管理人员参考。

图书在版编目(CIP)数据

全国气候影响评价. 2019 / 中国气象局国家气候中心编. — 北京 ：气象出版社，2021.6

ISBN 978-7-5029-7434-3

Ⅰ.①全… Ⅱ.①中… Ⅲ.①气候影响-评价-中国-2019 Ⅳ.①P468.2

中国版本图书馆CIP数据核字(2021)第081452号

全国气候影响评价(2019)

Quanguo Qihou Yingxiang Pingjia(2019)

出版发行：气象出版社

地　　址：北京市海淀区中关村南大街46号　　**邮政编码**：100081

电　　话：010-68407112(总编室)　010-68408042(发行部)

网　　址：http://www.qxcbs.com　　**E-mail**：qxcbs@cma.gov.cn

责任编辑：陈　红　　**终　　审**：吴晓鹏

责任校对：张硕杰　　**责任技编**：赵相宁

封面设计：地大彩印设计中心

印　　刷：北京建宏印刷有限公司

开　　本：787mm×1092mm　1/16　　**印　　张**：9.75

字　　数：250千字

版　　次：2021年6月第1版　　**印　　次**：2021年6月第1次印刷

定　　价：70.00元

《全国气候影响评价(2019)》
编委会

主　　编：孙　劭　冯爱青　王国复

编写人员（以姓氏拼音为序）：

蔡雯悦　代潭龙　段居琦　冯爱青　高　歌
郭艳君　侯　威　李　多　李　莹　刘绿柳
梅　梅　孙　劭　王国复　王启祎　王有民
王遵娅　徐良炎　尹宜舟　翟建青　张颖娴
钟海玲　周星妍　朱晓金

技术支撑：李　莹　代潭龙

序

我国气象灾害种类多、范围广、强度大、灾情重，全球气候变化加剧了极端气象灾害发生的频率和强度，体现了气象灾害的长期性、突发性、巨灾性和复杂性，同时也反映出应对气象灾害风险任务的艰巨性。气象灾害风险是指气象灾害对人类社会产生不利后果的可能性，且这种后果又往往不能准确预料，风险评估就是对风险发生的强度和形式等进行评定和估计。气候是气象灾害风险孕育的环境，影响则是气象灾害对各行各业产生的直接或间接后果。对气候特征以及气象灾害影响进行逐年总结评估是认识气象灾害时空变化规律的重要手段，有利于公众了解当前气象灾害风险状况并增强风险意识。

2016 年 10 月 11 日，中央全面深化改革领导小组审议通过了《关于推进防灾减灾救灾体制机制改革的意见》，指出推进防灾减灾救灾体制机制改革，必须牢固树立灾害风险管理和综合减灾理念，坚持以防为主、“防抗救”相结合，坚持常态救灾和非常态救灾相统一，努力实现从注重灾后救助向灾前预防转变，从减少灾害损失向减轻灾害风险转变，从应对单一灾害损失向综合减灾转变。“十三五”时期是全面建成小康社会的决胜阶段，贯彻落实“五位一体”总体布局、“四个全面”战略布局和新发展理念，如期实现经济社会发展总体目标，健全公共安全体系，都需要不断创新防灾减灾救灾体制机制。

近年来，随着我国气象防灾减灾工作不断深入，每年因气象灾害造成的直接经济损失占 GDP 比重逐渐下降，死亡失踪人数显著减少，这表明我国的气象灾害风险管理能力正在日益增强。但是在全球气候变化的大背景下，我国各类气象灾害的危险性仍然呈现加重趋势：2015—2019 年，全国暴雨日数较常年增加了 9.3%；高温日数较常年增加了 43.1%。气候预估结果显示，未来 10～20 年我国气温将持续升高，极端高温、强降水、洪涝和干旱等灾害风险增大，大气环境容量继续减少，污染扩散能力变弱。应对气候风险需从战略高度上重视气候安全问题，继续强化气候风险管理，合理开发气候资源，保护气候环境。

在极端气象灾害呈频发态势以及防灾减灾形势更加严峻复杂的背景下，《全国气候影响评价》内容重点围绕“气象灾害”以及“行业影响”，深入浅出地介绍了当年气象灾害发生的背景、特征以及对行业的影响，并对当前新的评估方法和热点问题进行了详尽介绍。相信本书的出版，有利于提升科技支撑水平，有效地推动防灾减灾救灾事业的发展。

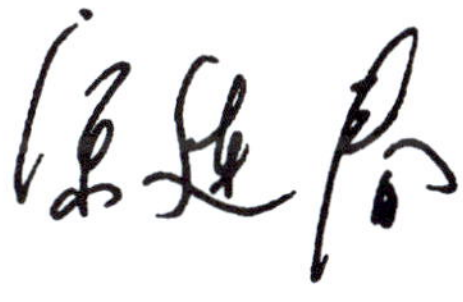

2020 年 8 月 15 日

前　言

1983年，本着“为了向党及国家各部门提供制定决策或规划时所需的综合性气候情报资料”的初衷，本书出版发行。该书由原北京气象中心气候资料室（现国家气候中心气象灾害风险管理室）组织专家编写而成，记录了当年全球及中国的气候概况，评述主要气候事件及灾害对农业、水利、交通等行业的影响。36年来，该书为政府做好防灾减灾和重大决策提供了重要依据，为社会公众了解气候、灾害知识提供了详实的信息。

近年来，随着人们对气候、气候变化以及气象灾害的认知逐步加深，以及社会经济的飞速发展，气候与气候变化影响评价业务逐步向气象灾害风险管理业务转变，相关业务也正面临着新的形势和新的需求。

气象灾害客观事实愈发严苛。我国是世界上自然灾害最为严重的国家之一，灾害种类多，分布地域广，发生频率高，造成损失重。近年来，受全球变暖的影响，极端事件趋多趋强，我国面临的气象灾害及其衍生灾害风险正在不断加大，由此造成的灾害损失也在不断增加。据统计，21世纪以来，我国平均每年因天气气候灾害造成的直接经济损失超过2000亿元，并呈现出长期增长趋势。

防灾减灾战略面临新要求。为全面提高国家的综合防灾减灾救灾能力，2016年7月28日，习近平总书记在河北唐山考察时指出：努力实现从注重灾后救助向注重灾前预防转变，从应对单一灾种向综合减灾转变，从减少灾害损失向减轻灾害风险转变。为实现“三个转变”，加强决策气象服务的有效供给，气象灾害影响评估等工作应通过新的产品、新的技术在灾前预防、综合减灾和减轻灾害风险中发挥更大的作用。

国内外更加关注气象灾害风险管理。2010年，坎昆气候大会通过了《坎昆适应框架》，提出将抵御极端气候事件和灾害风险管理作为适应气候变化的核心内容。2011年，政府间气候变化专门委员会发布了《管理极端事件和灾害风险，推进气候变化适应》特别报告，以灾害风险管理和气候变化适应为主线，对全球气候变暖背景下灾害的变化及影响作出评估，并提出供各国政府有效管理极端天气气候事件和灾害风险的选择措施。2015年，我国也发布了《中国极端天气气候事件和灾害风险管理与适应国家评估报告》，综合评估了气候变化背景下极端气候事件的情况并阐述了灾害风险管理和适应措施的进展，为我国管理极端事件和灾害风险提供了重要参考信息。

气象灾害风险管理的服务对象更加广泛。党的十八大以来，强调要牢固树立和贯彻落实“创新、协调、绿色、开放、共享”五大发展理念，适应推进新型工业化、信息化、城镇化、农业现代化和国家治理能力现代化的需要，坚持服务民生、服务生产、服务决策的宗旨。面对新形势和新要求，气象灾害风险管理作为公共气象服务的主要内容之一，应该主动在提高政府公共服务水平、促进经济快速平稳发展和保障人民群众福祉健康方面发挥更加突出的作用，其服务对象也应该由服务政府向服务行业、服务公众拓展和转变。这些转变可以看作是气象灾害风险管理领域的供给侧改革，其目标就是以精准定位和科技创新来优化业务和科研资源的配置，主动适应形势变化，全面提升服务能力，更好满足各方需求。

适应新形势，注入新成果，满足新需求，国家气候中心对《全国气候影响评价》进行改版，内容凝聚了气象灾害风险管理的最新研究成果，保留了年度详尽的灾害事件信息，其参考价值进一步提升：面向各级政府，可为防灾减灾决策提供科学支撑；面向行业和企业，可为灾害风险管控提供重要参考依据；面向科研院所和研究人员，可为相关研究提供科学参考；面向社会公众，可以作为气候与气象灾害相关知识的科普宝库。

编写《全国气候影响评价》是一项系统工程，既需要大量的数据统计分析与核实，又需要新技术的研究与应用，还需要认真细致的文字凝练。为此，国家气候中心成立了由20多名专家组成的编写组和技术支撑组，经10余次讨论形成初稿，并经初审、终审形成现在的报告。在此，衷心感谢编写组、技术支撑组为该书顺利出版所做的贡献。

编者

2020年7月15日

摘　要

2019年全球主要温室气体浓度持续上升，地表温度相比工业化时代之前水平偏高1.1（±0.1）℃，是有气象记录以来第二暖的年份。中国平均气温较常年（1981—2010年）偏高0.79℃，为1951年以来第五暖年；四季气温均偏高，春秋明显偏暖。全国平均降水量645.5毫米，比常年偏多2.5%；冬春夏降水偏多，秋季偏少。六大区域中东北、西北、华南年降水量偏多，华北和长江中下游偏少，西南略偏少；七大流域中松花江、黄河、辽河、珠江流域降水量偏多，淮河和海河流域偏少，长江流域接近常年。2019年，华南前汛期开始早、结束晚，为1961年以来最长前汛期，雨量为1961年以来次多；西南雨季开始和结束均偏晚，雨量偏少；入梅晚、出梅早，梅雨量偏少；华北雨季开始晚，结束与常年一致，雨量偏少；东北雨季开始早、结束晚，雨量偏多；华西秋雨开始早、结束晚，雨量偏多。

2019年中国气候属于正常年景。暴雨过程多，但暴雨洪涝灾害总体偏轻；台风生成多，登陆强度总体偏弱，仅“利奇马”灾损重；高温日数多，区域性特征明显；区域性和阶段性干旱明显，但灾害损失偏轻；强对流天气过程偏少，损失偏轻；低温冷冻及雪灾显著偏轻；春季北方沙尘天气少，影响偏轻。全年全国因气象灾害及其次生、衍生灾害导致受灾人口约1.4亿人次，死亡和失踪828人；农作物受灾面积1925.7万公顷，绝收面积280.2万公顷；直接经济损失3179.9亿元。总体来看，2019年气象灾害直接经济损失比1990—2018年平均值偏多，死亡（含失踪）人数和受灾面积均明显少于1990—2018年平均值。综合来看，2019年气象灾害为偏轻年份。

2019年我国主要粮食作物生长期间气候条件较为适宜，利于农业生产。冬小麦和夏玉米全生育期光温水等条件总体匹配较好，墒情适宜，气象灾害偏轻，气候条件较好。阶段性低温阴雨寡照天气对部分地区早稻播种和生长发育及产量形成影响较大。晚稻、一季稻产区气候条件较好，但长江中下游地区遭遇严重伏秋连旱，对产量形成造成较大不利影响。全国水资源总量状况属于正常等级，其中黑龙江、浙江、甘肃、青海、宁夏为异常丰富年份，河南、湖北、云南为异常欠缺年份。北方各省（区、市）冬季平均气温均较常年同期偏高，采暖耗能较常年同期减少；夏季全国大部地区平均气温接近常年同期或偏高，降温耗能较常年同期偏高。全国平均年舒适日数接近常年，冬季舒适日数较常年同期偏少；全国交通运营不利日数普遍在20天以上，其中江南大部、华南大部、西南东部以及江苏中部、新疆南部等地超过60天。

Abstract

The global concentration of major greenhouse gases continued to rise in 2019, while the surface temperature was 1.1 (±0.1) ℃ higher than pre-industrial period, making 2019 ranked the second warmest year on record. The average temperature in China was 0.79℃ higher than reference period (from 1981 to 2010), ranked the 5th warmest year since 1951. The average temperature in four seasons were all above normal year, and spring and autumn were obviously warmer. The average precipitation was 645.5 millimeters in China, 2.5% more than reference period. Wherein, more precipitation appeared in winter, spring and summer, but less precipitation appeared in autumn. For the six geographic regions of China, annual precipitation was higher than reference period in northeast China, northwest China and South China, lower in North China and the middle-lower reaches of the Yangtze River, and close to normal in southwest China. For seven river basins in China, more precipitation than normal year was found in the Songhua River, Yellow River, Liaohe River and Pearl River basin, less precipitation was found in the Huaihe River and Haihe River, and close to normal precipitation was found in the Yangtze River basin. In 2019, the first rainy season in South China started earlier and ended later than normal with abundant precipitation and a long rainy period. The dates of beginning and end of the rainy season in Southwest China were later than the climatological dates with deficient precipitation. The Meiyu started later and ended earlier than normal with less precipitation during the rainy period. The rainy season in North China started later and ended near normal with less rainfall. Both the autumn rain in West China and the rainy season in Northeast China started early and ended late with more rainfall.

2019 was a normal climate year in China. The rainstorm processes were more than reference period, but the disaster losses of rainstorm was relatively light. The number of generated typhoons was above normal, but the intensity of landing typhoon was generally weak. Only typhoon Lekima caused heavy losses. More high temperature days appeared in 2019 than reference period, with obviously regional pattern. Periodic meteorological droughts happened, but caused relatively light losses. The severe convective weather process was also less than normal. Chilling and snow disaster were relatively mild. In spring, less sandstorm weather appeared in northern China, with less impact. In the whole year, meteorological and climate related disasters caused about 140 million people affected and 828 to be killed or missing. The affected area of crops was 19.3 million hectares, while 2.8 million hectares of that was destroyed. Direct economic losses reached 318.0 billion RMB, which was higher than the average of 1990 to 2018, and the number of dead (including missing) and the affected area were significantly lower. In general, 2019 was a relatively light year for meteorological disaster losses.

The climatic conditions during the growth period of major grain crops in China in 2019 are relatively suitable and conducive to agricultural production. For the growth areas of winter wheat and summer corn in China, the climatic conditions including light and heat matched well, the moisture content is suitable, and disaster losses was light. Only early-season rice yield in some areas were greatly affected by periodic low temperature, overcast or rainy and scant lighting. The climatic conditions of late-season rice and single-season rice growth areas were good, but the middle-lower reaches of the Yangtze River suffered from severe droughts in summer and autumn, which had a great negative effect on the yield. The total water resources in China belonged to normal grade, with relatively rich in Heilongjiang, Zhejiang, Gansu, Qinghai and Ningxia provinces, and exceptionally deficient in Henan, Hubei and Yunnan provinces. The average temperature in winter in northern China was higher than normal year, thus the heating energy consumption was lower. In summer, the average temperature in most parts in China was close to normal or higher, and the cooling energy consumption was also higher than reference period. The comfortable days in China was close to normal for the whole year, but less comfortable days in winter. The unfavorable traffic days were generally over 20 days in China, wherein more than 60 unfavorable traffic days were found in some places including South China, Southwest China, East China, central Jiangsu and southern Xinjiang.

目　录

第一章　气候概况

第一节　全球气候特征

2019 年全球主要温室气体浓度继续保持上升趋势，2019 年全球平均温度比工业化前水平高 1.1(±0.1)℃，为有气象记录以来第二暖年。海洋热容量及海平面高度创新高，海冰面积偏小。年内，全球各地发生了许多重大天气气候事件，包括多地遭遇暴雨洪涝侵袭、澳大利亚以及亚洲和欧洲多国受干旱影响、全球极端热带气旋频发、欧洲及澳大利亚等地遭遇异常高温热浪天气、北美和欧洲遭受寒流和暴风雪袭击、多地出现强对流天气等，给世界各地人民的生活和经济发展造成了严重影响。

一、地表温度列历史第二位

2019 年全球平均温度比工业化前基线(1850—1900 年)高 1.1(±0.1)℃，低于受超强厄尔尼诺影响的 2016 年，为有气象记录以来第二暖年(图 1.1.1)。过去 5 年是有记录以来最暖的 5 年，2015—2019 年和 2010—2019 年的平均温度均为有记录以来最高。

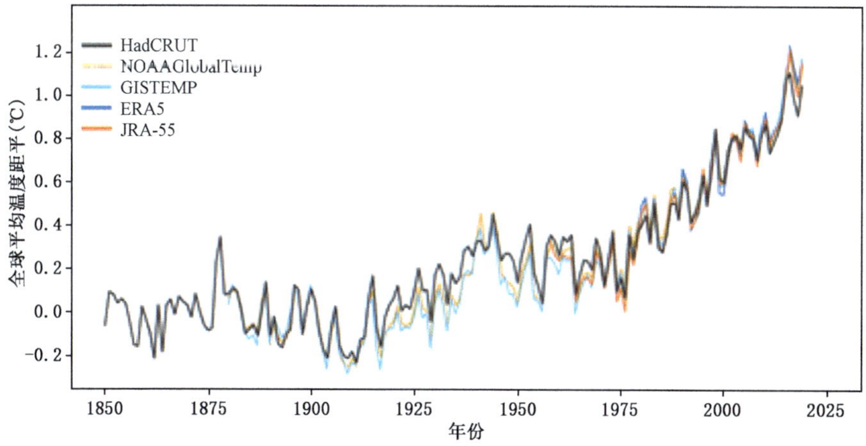

图 1.1.1　全球平均温度距平(相对于 1850—1900 年平均值)时间序列(WMO,2020)
(JRA-55 为日本气象厅发布的全球大气再分析资料集，ERA-interim 是欧洲中期数值预报中心发布的全球大气再分析资料集；HadCRUT. 4. 6. 0. 0 是英国气象局和英国东英吉利大学联合发布的全球温度资料集；GISTEMP 是美国国家航空航天局发布的全球温度资料集；NOAAGlobalTemp 是美国国家海洋和大气管理局发布的全球温度资料集)

从2019年全球平均温度距平（相对1981—2010年平均值）空间分布来看，除北美地区比常年偏低0.5～1.0℃外，全球陆地地区温度大多高于常年，美国阿拉斯加平均气温比常年偏高3℃以上，为全球最异常偏暖的地区（图1.1.2）。

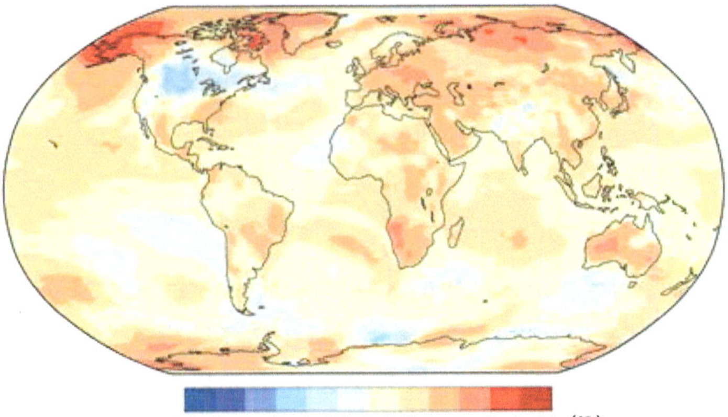

图1.1.2　2019年全球平均温度距平（相对1981—2010年平均值）空间分布图（WMO,2020）

二、海洋热容量及海平面高度创新高，海冰面积偏小

海洋热容量是气候变化的基本指标，主要用于衡量地球系统中热量积累。2019年，0～700 m及0～2000 m的全球平均海洋热容量继续保持增加，超过或接近历史记录。在21世纪10年代的最后几年，与1960年以来的历史情况相比，全球海洋在上层（0～700 m）吸收的热量在增加，且热量被隔离在更深的海洋层（0～2000 m）。2019年，全球平均海洋热浪日数达55天，41%的海域热浪归入“强”等级（日数距平是90%百分位数与常年值之差的2倍以上），东北太平洋大片海域达到了“严重”的级别（3倍以上）。在海洋热膨胀和冰川融化的共同作用下，2019年全球平均海平面继续保持上升，达到有高精度测高记录以来的最高点。27年来，海平面上升的平均速率为3.24±0.3 mm/a，且在这段时期内，速率处于不断增加的状态。

2019年3月13日，北极海冰面积达到了年度最大值（1478万 km^2），位列历史第七低；9月18日达到最低值（415万 km^2），与2007年和2016年并列为有记录以来的第二低，9月平均面积为有记录以来的第三低。南极海冰面积在2月28日出现年度最低值（247万 km^2），位列历史排第七低；最大值出现在9月30日，为1840万 km^2。近年来，南极海冰面积变异性很高，长期的增长趋势被2016年底的大幅下降所抵消，海冰面积自那以后一直保持在低位，2019年5—7月出现了创纪录的低位。

三、全球降水分布不均

2019年，澳大利亚和印度尼西亚西部及周边国家降水长期偏少，导致气候异常干燥。另外，非洲南部、中美洲和南美洲部分地区降水量也异常偏少；异常偏多区主要分布在美国中部、加拿大北部、俄罗斯北部、西南亚、中国北部和东非等地（图1.1.3）。2019年，南美、西非、东南亚等地的热带地区最长连续雨日天数较常年平均偏多，最长连续干旱日数偏多的地区主要分布在澳大利亚、非洲南部和西部、南美洲中部和南部以及北美北部等地。

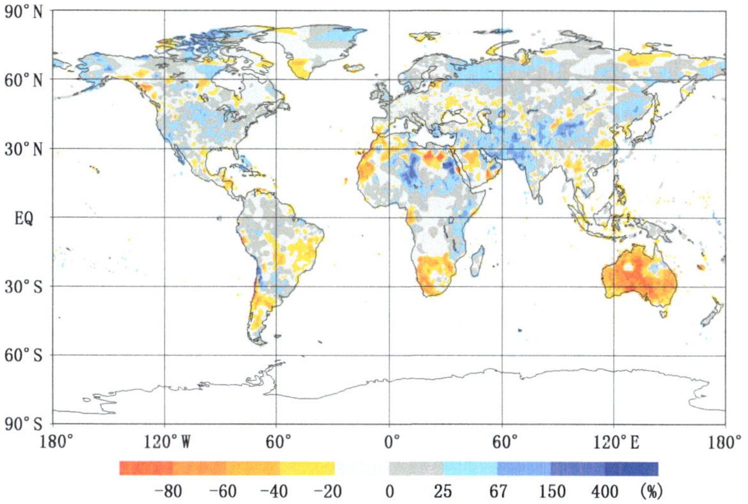

图 1.1.3　2019 年全球降水量距平百分率(相对于 1951—2000 年平均值)空间分布图

四、2019 年国外十大天气气候事件

7—8 月印度等国持续强降雨引发严重洪涝灾害。 2019 年 7 月中下旬，南亚及附近地区持续强降雨引发严重洪灾，造成印度、尼泊尔、孟加拉等国至少 600 人死亡，超过 2500 万人生活受到影响。印度多个地区的道路、桥梁中断，清洁水源和食品短缺；尼泊尔多地河水泛滥，发生山体滑坡和泥石流；孟加拉国 3 万多座房屋被冲毁，4 座大坝被彻底毁坏，8200 公顷土地被淹没。8 月上中旬，印度西部和南部多地连日暴雨引发洪灾和山体滑坡，受灾人数超过 120 万人，200 人死亡。8 月下旬，印度北部连日暴雨引发洪水、滑坡和泥石流等灾害，造成 60 人死亡。

1 月上半月强暴风雪袭击欧洲多国。 2019 年 1 月 6—13 日，欧洲多国出现强暴风雪天气，恶劣天气导致空中交通、陆路交通严重受阻，部分地区学校停课、供电中断，还引发交通事故致 21 人死亡。11 日，受大雪影响，德国有 5 个地区宣布进入紧急状态，学校宣布停课，法兰克福机场当天大约有 120 架次航班被迫取消，慕尼黑机场 90 架次航班停飞。奥地利部分地区地面积雪达 3 米，多地交通严重受阻，数千户家庭停止供电。

5 月美国遭受逾 500 次龙卷风袭击。 2019 年 5 月，美国记录到大约 555 次龙卷风，为 1991—2010 年同期(276 次)的两倍，是 2011 年以来龙卷最活跃的一个月。23 日，猛烈龙卷风横扫密苏里州，造成至少 3 人死亡。27 日，龙卷风侵袭俄亥俄州，导致 1 人死亡、12 人受伤，多处房屋被毁坏，超 500 万人受断电影响。

一季度澳大利亚屡遭热浪袭击。 2019 年 1 月，澳大利亚平均气温较 1961—1990 年同期偏高 2.91℃，比 2013 年的最高纪录偏高 0.99℃，为 1910 年有记录以来最高。其中，新南威尔士气温偏高达 5.86℃。1 月下旬，南澳州和维州的部分地区气温飙升至 40℃以上。3 月，澳大利亚南部遭遇一个多世纪以来最热的 3 月，塔斯马尼亚州 2 日气温高达 39.1℃，创当地 131 年来的最高纪录。高温热浪导致澳大利亚多地出现野火。

6 月高温热浪席卷欧洲和美国西部。 2019 年 6 月，欧洲平均气温较 1910—2000 年同期偏高 2.93℃，为 1910 年以来最高。欧洲大部地区最高气温普遍较 1981—2010 年同期偏高 2℃

～8℃。法国南部加拉尔盖莱蒙蒂厄市最高气温达45.9℃，创法国气象观测史上最高气温纪录；德国勃兰登堡最高气温达38.6℃，刷新70年前的6月最高气温纪录。6月10日，美国西部出现破纪录高温，加州圣地亚哥局地气温达45℃，打破当地高温纪录；旧金山国际机场气温达37.7℃，创当地6月最高气温纪录。高温热浪影响美国西部约4500万人，北加州连续发生多起森林大火。

3月中旬飓风“伊代”横扫非洲三国。2019年3月15日，飓风“伊代”在莫桑比克中部港口城市贝拉沿海登陆，带来强风雨，随后“伊代”席卷邻国津巴布韦和马拉维，19日强降雨再次袭击莫桑比克，并持续到21日。“伊代”带来强降雨、大风和风暴潮，摧毁了当地房屋，导致东非近300万人受灾，超过700人死亡；经济损失超过10亿美元。

10月中旬强台风“海贝思”肆虐日本。2019年10月12日傍晚，强台风“海贝思”在日本伊豆半岛登陆，神奈西南部的箱根累计降水量达1000毫米，关东和静冈有17个站降水量在500毫米以上。“海贝思”造成日本7个县73处河堤决堤，多地出现严重洪涝灾害，交通几乎陷入全面停滞状态，原定于14日举行的日本海上自卫队阅舰式被迫取消，不少受灾地区断电、断水、断粮，至少92人死亡，1.3万栋住宅浸水，约1100栋住宅全部或部分损毁，经济损失达1000亿日元以上。

8月亚马孙地区遭遇森林大火。2019年8月，亚马孙地区森林大火多发且持续燃烧，火势较集中的地区位于巴西的朗多尼亚州、马托格罗索州和亚马孙州以及玻利维亚境内。过火面积超过100万公顷，玻利维亚有上千户家庭受灾。大火产生的烟雾飘至2735千米外的圣保罗，能见度受到严重影响。大火持续时间长，燃烧面积大，对当地的生态环境破坏较大；释放出大量的二氧化碳和气溶胶，对当地乃至全球的气候都产生较大影响。

9—12月澳大利亚森林火灾频发。2019年，澳大利亚春季(9—11月)全国平均降水量为27.4毫米，为1900年以来同期最少；全国平均最高气温较1961—1990年同期偏高2.41℃，为有记录以来第二高。12月18日，澳大利亚平均最高气温达41.9℃，打破了17日刚创下的高温纪录。高温少雨导致澳大利亚森林火灾频发，造成9人死亡，1000余所房屋被毁，过火面积超过500公顷；森林大火产生的烟雾令新南威尔士州遭遇史上最严重的空气污染；新南威尔士州北部和昆士兰州东南部数千公顷的考拉栖息地被毁。

11—12月印度新德里被持续雾霾笼罩。2019年11—12月，印度首都新德里2000万居民只有4天呼吸到“普通”至“满意”的空气，其余时间多是雾霾天气，空气中$PM_{2.5}$浓度一度飙升至每立方米999微克。持续严重雾霾不仅导致航班延误、学校停课、工地停工，而且严重影响民众健康。印度是全球空气污染最严重的国家之一，据联合国统计，全球15个空气污染最严重的城市中有14个在印度。

第二节　中国气候特征

2019年，中国气候总体呈现暖湿特征。中国年平均气温较常年同期偏高0.79℃，为1951年以来连续第五暖年，四季气温均偏高，春秋明显偏暖；年降水量645.5毫米，较常年同期偏多2.5%，冬春夏降水偏多，秋季偏少。华南前汛期开始早、结束晚，为1961年以来最长前汛期，雨量为1961年以来次多；西南雨季开始和结束均偏晚，雨量偏少；入梅晚、出梅早，梅雨量偏少；华北雨季开始晚，结束与常年一致，雨量偏少；东北雨季开始早、结束晚，雨量偏多；华西秋雨开始早、结束晚，雨量偏多。

一、年平均气温为历史第五高

1. 年平均气温偏高

2019 年，中国平均气温 10.34℃，较常年同期偏高 0.79℃，为 1951 年以来第五暖年（图 1.2.1），前 4 个高值年分别是 2007 年、2017 年、2016 年和 2015 年；全年各月气温均偏高，其中 4 月偏高 1.8℃，为历史同期次高。从空间分布来看，除贵州、重庆、新疆等地的局地气温略偏低外，其余地区气温均偏高，北方气温偏高尤为明显，其中东北大部、华北东南部、黄淮大部及内蒙古东部、新疆东北部、云南东部、四川南部、海南等地偏高 1～2℃（图 1.2.2）。2019 年，全国 31 个省（区、市）气温均偏高，其中，云南、广东、河南、海南四省为历史最高，福建、山东和辽宁为次高，天津、河北、吉林和黑龙江为第三高（图 1.2.3）。

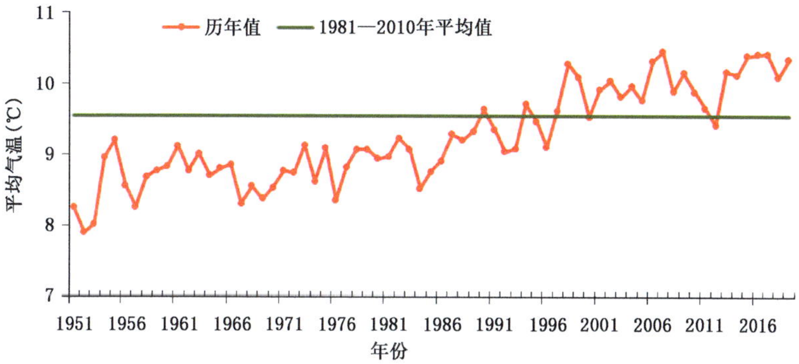

图 1.2.1　1951—2019 年中国年平均气温历年变化

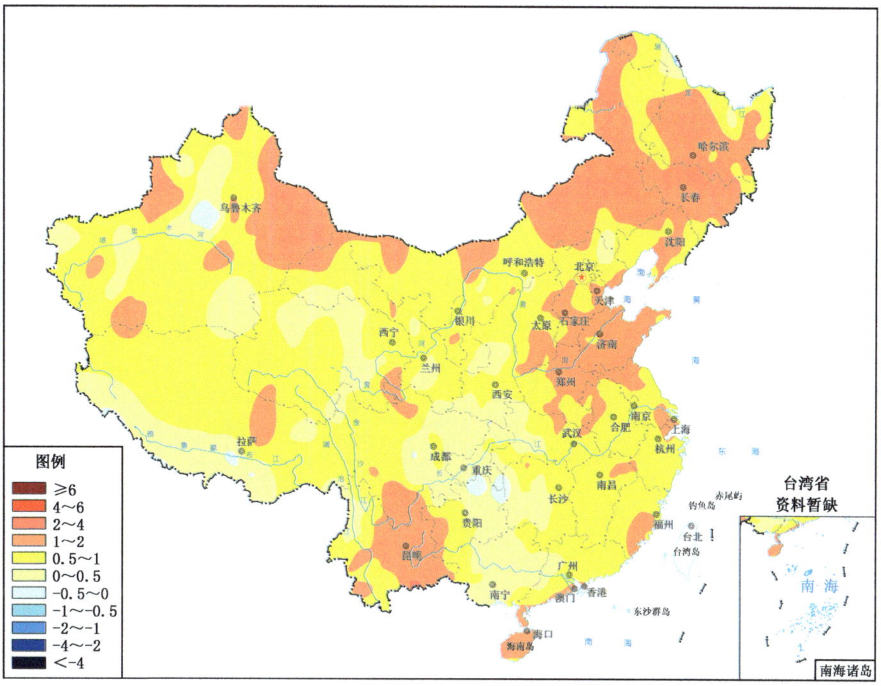

图 1.2.2　2019 年中国年平均气温距平分布图（单位：℃）

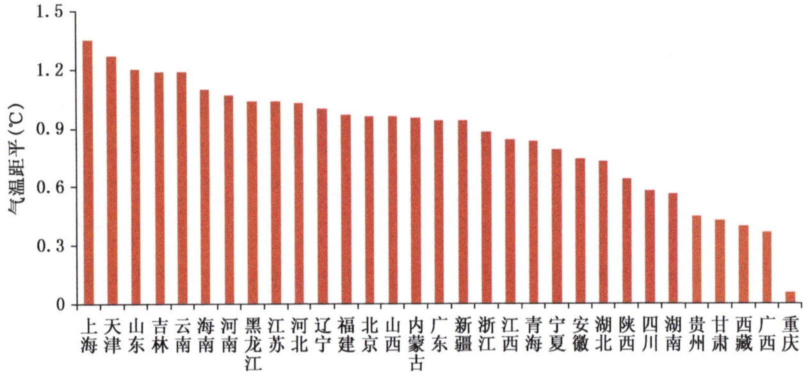

图 1.2.3　2019 年中国各省(区、市)年平均气温距平(单位:℃)

2. 四季气温均偏高,春秋明显偏暖

冬季(2018 年 12 月至 2019 年 2 月),中国平均气温−3.1℃,较常年同期偏高 0.2℃。冷暖区域差异大,东北大部、华南东部和南部、西南地区东南部及内蒙古东部、青海南部等地气温较常年同期偏高 1~4℃;西北地区北部及湖南中北部、内蒙古西部、西藏南部等地偏低 1~4℃;其余大部地区气温接近常年同期(图 1.2.4(a))。

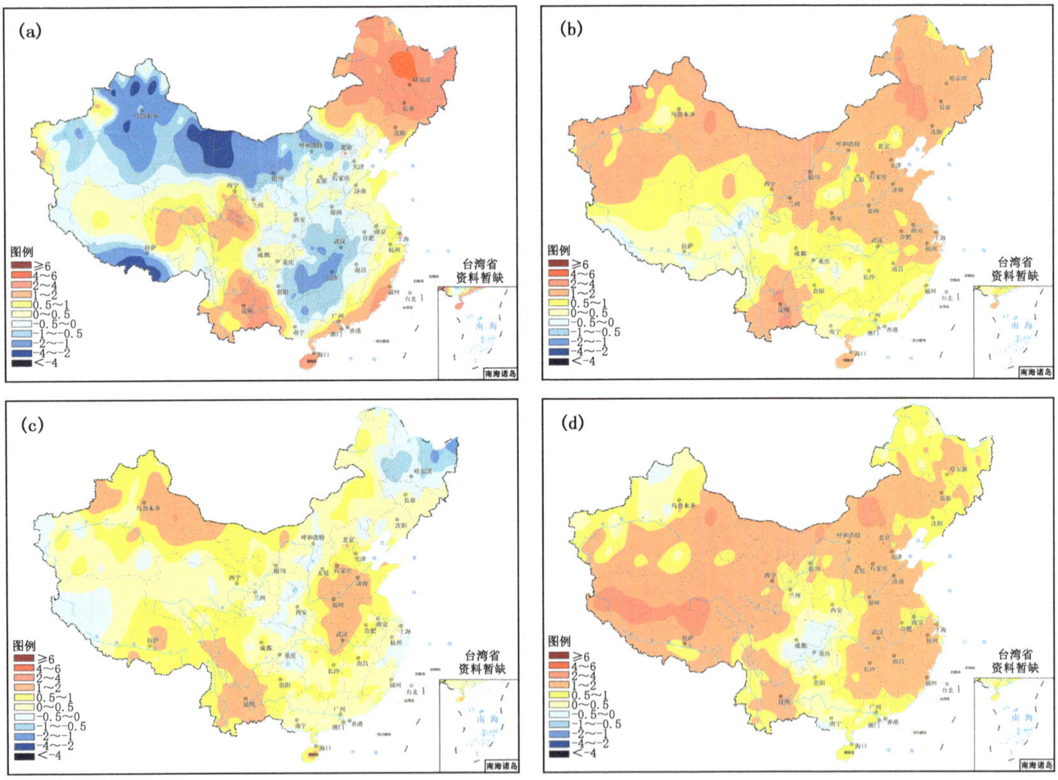

图 1.2.4　2019 年中国冬(a)、春(b)、夏(c)、秋(d)季平均气温距平分布图(单位:℃)

春季(3—5 月),中国平均气温 11.5℃,较常年同期偏高 1.1℃。中国大部地区偏暖,北方大部及江淮、江南东北部、云南、四川南部、贵州西部、海南等地气温较常年同期偏高 1～2℃(图 1.2.4(b))。

夏季(6—8 月),中国平均气温 21.5℃,较常年同期偏高 0.5℃。除黑龙江中部和东部偏低 0.5～1.0℃外,其余大部地区气温接近常年同期或偏高,其中华北南部、黄淮中西部、江汉东部及云南大部、四川西南部、海南中部、新疆东部等地偏高 1～2℃(图 1.2.4(c))。

秋季(9—11 月),中国平均气温 11.0℃,较常年同期偏高 1.0℃,为历史第三高。中国大部气温接近常年同期或偏高,中东部和西部地区普遍偏高 1～2℃ (图 1.2.4(d))。

二、年降水量偏多

1. 平均降水量偏多

2019 年,中国平均降水量 645.5 毫米,较常年偏多 2.5%,比 2018 年少 4.2%,为 2012 年以来连续第八个多雨年(图 1.2.5)。1—4 月、7—8 月、10 月和 12 月降水量均偏多,其中 2 月偏多 32%;9 月和 11 月降水量偏少,其中 11 月偏少 28%;5 月和 6 月接近常年同期。

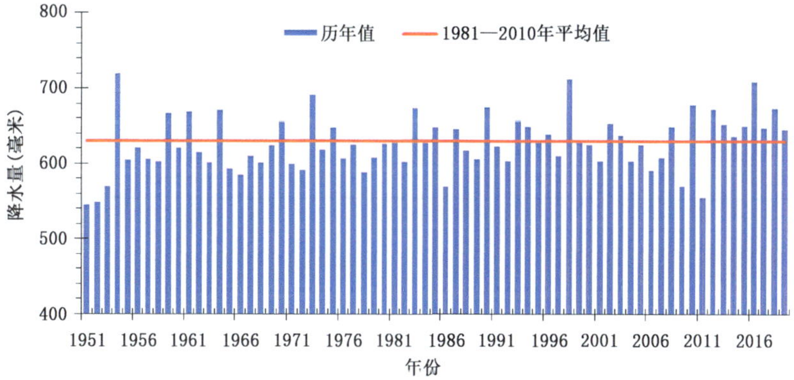

图 1.2.5 1951—2019 年中国平均年降水量历年变化

2019 年,江南大部、华南及四川东北部、重庆西北部、贵州南部、云南西部等地降水量有 1200～2000 毫米,广西东北部局地、广东南部和福建北部超过 2000 毫米;东北、华北大部、西北地区东南部、黄淮、江淮、江汉、江南北部、西南地区中东部大部及内蒙古东北部等地有 400～1200 毫米;内蒙古大部、宁夏中部和北部、甘肃中西部、青海中部、西藏中西部、新疆北部等地有 100～400 毫米;新疆中南部、青海西北部等地不足 100 毫米(图 1.2.6)。广东阳江(3055.2 毫米)和广西东兴(2984.7 毫米)年降水量分别为中国最多和次多;新疆吐鲁番(1.9 毫米)和托克逊(3.3 毫米)为中国最少和次少。

与常年相比,北方大部降水偏多,南方接近常年或偏少,其中东北地区中部和北部、西北地区中东部及内蒙古西部、新疆西南部、西藏西部、四川北部、浙江东部等地偏多 20%～50%,黑龙江东北部、甘肃西部、内蒙古西部、青海北部等地偏多 5 成至 1 倍;黄淮中西部、江淮大部、江汉大部及云南中南部、新疆东部等地偏少 20%～50%;其余大部地区降水量接近常年(图 1.2.7)。

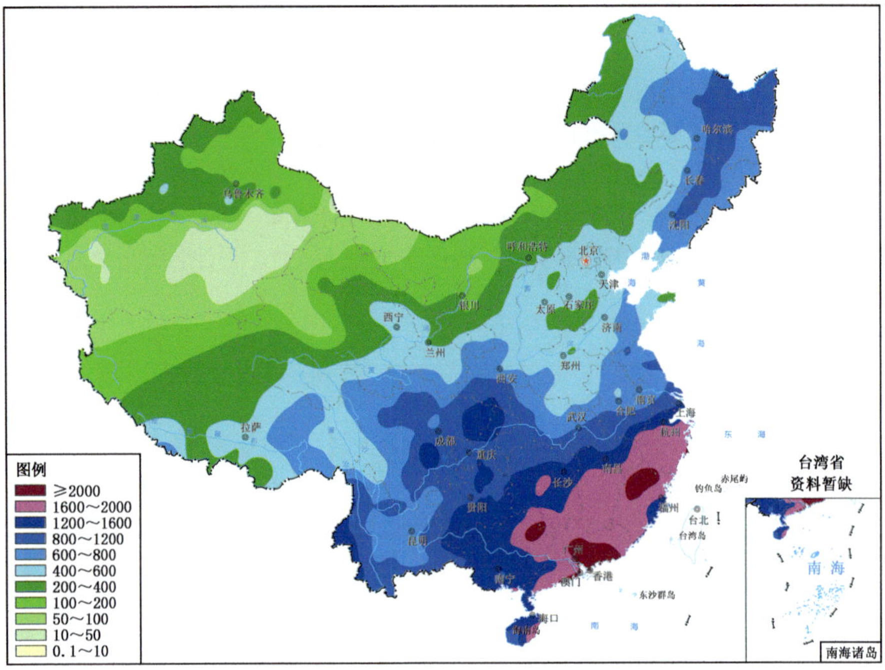

图 1.2.6　2019 年中国降水量分布图(单位:毫米)

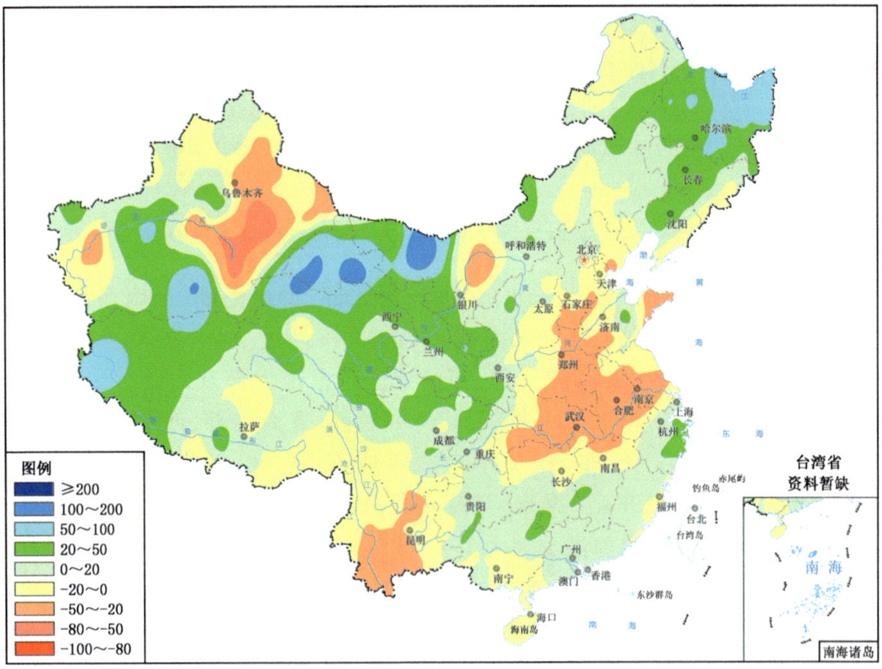

图 1.2.7　2019 年中国降水量距平百分率分布图(单位:%)

2019年，共有17个省(区、市)降水量较常年偏多，其中，黑龙江偏多43%，为1961年以来最多，宁夏偏多30%；14个省(区、市)降水量偏少，其中，河南偏少31%，为历史次少，湖北偏少25%(图1.2.8)。七大江河流域中，松花江流域降水量(687.8毫米，1961年以来最多)偏多32%，黄河流域(488.7毫米)和辽河流域(617.8毫米)均偏多5%，珠江流域(1612.7毫米)偏多4%；淮河流域(616.1毫米)偏少24%，海河流域(443.8毫米)偏少13%；长江流域降水量(1175.5毫米)接近常年。

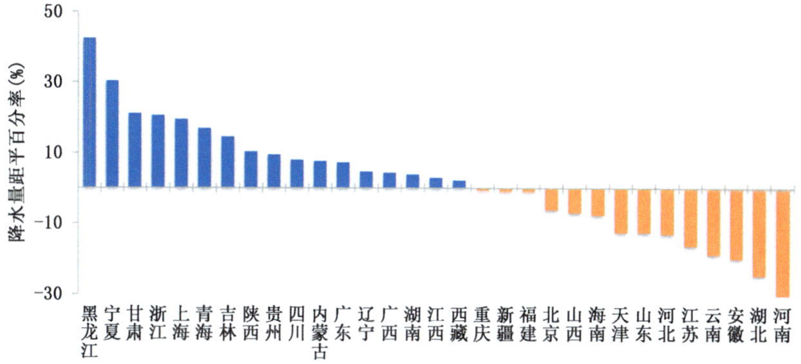

图1.2.8 2019年中国各省(区、市)年降水量距平百分率

2. 冬春夏降水偏多，秋季偏少

冬季(2018年12月至2019年2月)，中国平均降水量55.8毫米，较常年同期偏多36%。与常年同期相比，西北地区中部、江淮、江南中东部及西藏大部、四川西北部、云南南部、广西中部和西部等地降水量偏多5成至2倍，新疆、西藏、云南等地的部分地区偏多2倍以上；其余大部地区降水量接近常年同期或偏少，其中东北大部、华北大部、华南东南部及内蒙古大部、新疆西部、四川南部、重庆中部等地偏少2~8成，局地偏少8成以上(图1.2.9(a))。

春季，中国平均降水量148.7毫米，较常年同期偏多4%。与常年同期相比，东北大部、华北东北部、西北中部及内蒙古东部、新疆中部、广东东南部等地降水量偏多5成至2倍；其余大部地区降水量接近常年同期或偏少，其中东北东南部、华北南部、黄淮、江淮、江汉北部、江南东北部及云南、四川南部、西藏西部、新疆南部等地偏少2~8成，局地偏少8成以上(图1.2.9(b))。

夏季，中国平均降水量336.7毫米，较常年同期偏多4%。与常年同期相比，黑龙江大部、内蒙古西部、甘肃西部、青海北部、新疆南部、西藏西部、山东中部、湖南中部、福建北部等地降水量偏多5成至1倍；其余大部地区降水量接近常年同期或偏少，其中华北东北部和南部、黄淮中部、江淮南部、江汉大部、江南北部及新疆东部、云南南部等地偏少2~5成，新疆东部局地偏少5成以上(图1.2.9(c))。

秋季，中国平均降水量112.6毫米，较常年同期偏少6%。与常年同期相比，西北地区中东部及内蒙古西部、新疆西部、四川东北部等地降水量偏多5成至2倍；其余大部地区降水量接近常年同期或偏少，其中东北西部、华北东部、黄淮大部、江淮、江汉大部、江南、华南及内蒙古东北部、新疆东部和南部、西藏西部、云南中南部等地偏少2~8成，江西局地偏少8成以上(图1.2.9(d))。

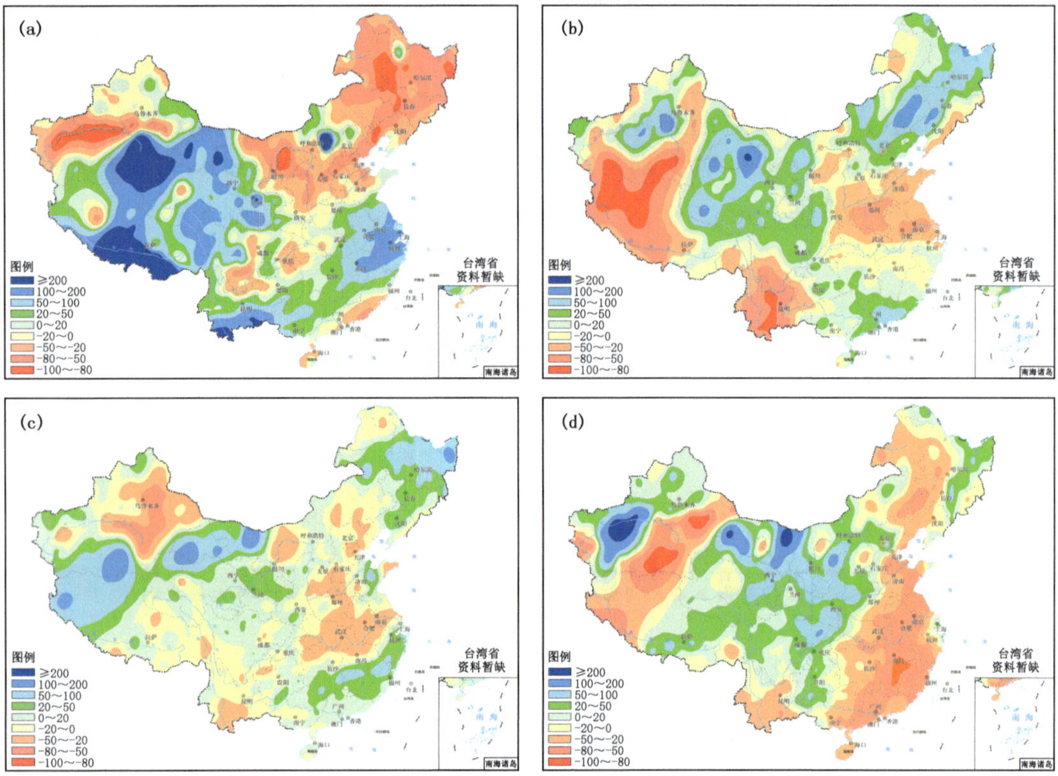

图 1.2.9　2019 年中国冬(a)、春(b)、夏(c)、秋(d)季降水量距平百分率分布图(单位:%)

3. 区域雨季特征

华南前汛期于 3 月 9 日开始,7 月 26 日结束,总雨量 1084 毫米。与常年相比,开始偏早 28 天,结束偏晚 22 天,是 1961 年以来最长前汛期;雨量偏多 51%,为 1961 年以来次多。

西南雨季于 6 月 10 日开始,10 月 20 日结束,总雨量 674 毫米。与常年相比,开始偏晚 15 天,结束偏晚 6 天,雨量偏少 10%。

梅雨季始于 6 月 16 日,7 月 17 日结束,梅雨量 290.9 毫米;与常年相比,入梅时间偏晚 8 天,出梅时间偏早 1 天,梅雨量偏少 15%。梅雨量呈南多北少态势。江南入梅偏晚 9 天,出梅偏晚 9 天,雨量偏多 25%;长江中下游入梅偏晚 2 天,出梅偏晚 1 天,雨量与常年相当;江淮区梅雨季降水异常偏少,出现空梅。

华北雨季于 7 月 23 日开始,8 月 18 日结束,总雨量 124 毫米。与常年相比,开始偏晚 5 天,结束与常年一致,雨量偏少 8%。

东北雨季于 6 月 15 日开始,9 月 28 日结束,总雨量 480 毫米。与常年相比,开始偏早 3 天,结束偏晚 11 天,雨量偏多 27%。

华西秋雨于 8 月 27 日开始,11 月 30 日结束,总雨量 272 毫米。与常年相比,开始偏早 4 天,结束偏晚 29 天,雨量偏多 34%。

三、年日照时数偏少

1. 大部日照时数偏少

2019 年，中国东北、西北大部、华北、黄淮中东部、西南地区中西部大部及内蒙古等地日照时数一般在 2000 小时以上，其中东北大部、西北中西部、华北北部及西藏中西部、内蒙古超过 2500 小时；黄淮西部、江淮南部、江汉东部、江南东部、华南中东部等地有 1500～2000 小时，其余大部地区不足 1500 小时。与常年相比，除东北地区东部及内蒙古东部、云南东南部等地日照时数偏多外，其余大部地区日照时数接近常年或偏少，其中西北中东部大部、华北南部、江淮东部、江汉中北部及新疆南部、西藏大部、四川北部、湖南中部和北部局地、广西南部等地偏少 200～400 小时，青海大部、新疆南部、西藏东北部局地、湖北北部等地偏少 400 小时以上（图 1.2.10）。

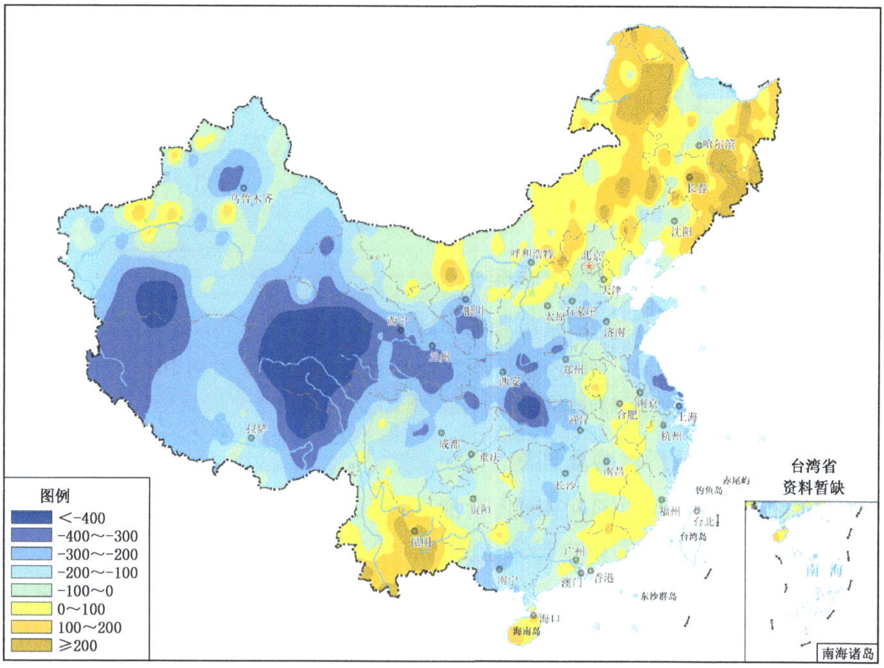

图 1.2.10　2019 年中国年日照时数距平分布图（单位：小时）

2. 冬春季日照接近常年同期，夏秋季大部地区偏少

冬季，中国大部地区日照时数接近常年同期或偏少，其中西北地区东南部、华北南部、黄淮西部和南部、江淮、江汉、江南、华南大部及青海西部、西藏中部等地偏少 100 小时以上。

春季，中国大部地区日照时数接近常年同期，云南南部日照时数较常年同期偏多 100 小时以上，新疆北部、青海中部、湖北中部、湖南中部等地偏少 100 小时以上。

夏季，除黑龙江南部、内蒙古东北部、安徽西北部等地的局部地区日照时数较常年同期偏多 100 小时以上外，其余大部地区日照时数接近常年同期或偏少，其中东北北部、西北大部及西藏西部、浙江东南部、广东西南部等地偏少 100 小时以上。

秋季，中国大部地区日照时数接近常年同期，东北东部、江南中东部、华南中东部及内蒙古东北部日照时数较常年同期偏多100小时以上；新疆西南部、青海大部、西藏西部和东部、甘肃东南部、四川东北部、湖北北部等地日照时数偏少100小时以上。

四、2019年十大天气气候事件

1. 1—2月南方地区出现罕见阴雨寡照天气

1—2月，江南大部、华南北部等地降水量较常年同期普遍偏多5成至1倍，局地偏多2倍，浙江、江西降水量均为1961年以来历史同期第二多；江淮南部、江南、华南北部及贵州东南部降水日数较常年同期偏多8～12天，日照时数偏少5成以上，苏皖鄂浙沪5省（市）日照时数均为1961年以来历史同期最少。持续阴雨寡照对南方地区农业生产、交通运输、电力供应、人体健康等造成一定的影响。

2. 2月中旬北方降雪覆盖1/7国土面积

2月中旬，北方地区出现冬季范围最大的降雪过程，近1/7的国土面积出现降雪。华北、黄淮、内蒙古中东部等地出现1～6厘米的积雪，北京怀柔、河南焦作等地最大积雪深度达10～13厘米。青海玉树州、果洛州等地冬季多次出现降雪过程，玛多最大积雪深度达22厘米，杂多最大积雪深度达19厘米，发生雪灾。当地政府启动应急预案，调动多方力量进行救援。大雪造成青海玉树、海西、果洛13.1万人受灾，100余万头（只）牲畜觅食困难，死亡牲畜2万多头（只）。

3. 7月初辽宁开原遭遇罕见强龙卷袭击

7月3日17—18时，辽宁省开原市西部出现罕见强龙卷天气，最大强度达4级（相当于EF4，最大风速大于74米/秒）。强龙卷所经之处部分房屋倒塌，大树和电线杆折断，小汽车被抛到空中，造成人员伤亡，经济损失严重。

4. 云南温高雨少遭受严重春夏连旱

3—6月，西南南部、华北东部和南部、黄淮大部、江淮大部等地气温较常年同期偏高1～2℃，降水量偏少3～8成。温高雨少导致上述大部地区出现阶段性气象干旱，森林火险等级偏高，北京、河北、山西、四川、云南等地相继发生森林火灾。其中，云南省平均降水量较常年同期偏少42%，为历史同期最少；全省平均气温偏高1.6℃，为历史同期第二高；有24个县（市）日最高气温达到或突破历史最大值，元江（31天）、景洪（30天）、元谋（29天）等6县（市）连续高温日数突破历史极值。长时间温高雨少导致云南出现严重春夏连旱。

5. 长江中下游地区发生严重伏秋连旱

7月21日至11月26日，鄂湘赣苏皖浙闽7省区域平均降水量为251.1毫米，较常年同期（428.1毫米）偏少4成，为1961年以来同期最少，其中湖北、江西均为1961年以来最少，安徽、福建为第二少。同时，7省大部地区气温较常年同期偏高1～2℃，湖北东部偏高2～4℃，湖北、湖南、江西和安徽平均气温均为1961年以来同期最高。长时间雨少温高导致长江中下游地区发生严重伏秋连旱。干旱造成部分农作物减产或绝收，江河湖库水位明显下降，鄱阳湖水域面积比常年同期偏少5成，提前进入枯水期。

6. 华南出现1961年以来最长前汛期

2019年华南前汛期于3月9日开始，较常年偏早28天，为1961年以来开汛第四早年；结束于7月26日，偏晚22天；前汛期时间为140天，偏长48天，为1961年以来最长的前汛期。华南前汛期雨量为1084毫米，比常年偏多51%，为1961年以来第二多。6月6—13日，福建、广东中东部、广西北部等地累计降雨量普遍有100～250毫米，其中广西桂林雨量达832毫米。7月3—10日，华南北部再次出现强降雨过程，累计降雨量超过100毫米，其中福建北部等地有250～400毫米。强降雨及叠加效应导致福建、广东、广西等地遭受洪涝、滑坡、泥石流等灾害，其中广西、广东灾情较为突出。

7. 华西秋雨期明显偏长雨日偏多

2019年华西地区8月27日进入秋雨期，较常年偏早4天，11月30日结束，偏晚29天，秋雨期明显偏长；秋雨期累计降水量271.7毫米，较常年同期偏多34%。华西大部降水日数较常年同期偏多，其中陕西南部、四川中部、重庆西北部等地偏多8～12天，局地偏多12天以上。受强降雨影响，陕西、四川、重庆、贵州、甘肃等地部分江河水位上涨、农田被淹、城镇出现严重内涝，局地还遭受山洪、泥石流等灾害，造成人员伤亡和财产损失。

8. 连续强降水致贵州水城发生“7·23”特大山体滑坡

7月1—23日，贵州省六盘水市水城县鸡场镇坪地村累计雨量288.9毫米，其中19日(49毫米)、20日(37.1毫米)和23日(98毫米)出现了三次强降雨过程，连续强降雨导致土壤含水量饱和，致使该地7月23日21时20分发生了特大滑坡灾害，共造成21幢房屋被埋，数十人伤亡。灾害发生后，当地政府立即启动Ⅰ级应急响应，紧急组织公安、消防、卫生、气象等部门联合开展抢险救援。

9. 2019年台风生成多登陆少强度偏弱

2019年，西北太平洋和南海共有29个台风(中心附近最大风力≥8级)生成，较常年(25.5个)偏多3.5个，其中5个登陆中国，较常年(7.2个)偏少2.2个。登陆中国的5个台风中，除“利奇马”登陆时为超强台风级别外，其余4个为热带风暴或强热带风暴级；平均登陆强度为27.4米/秒(10级)，明显低于常年值(30.7米/秒)。另外，秋季，西北太平洋和南海共生成16个台风，占2019年台风总生成数的55%，比常年同期(10.8个)偏多5.2个；其中11月生成6个，与1991年11月并列为1949年以来同期最多。

10. 超强台风“利奇马”严重影响华东地区

超强台风“利奇马”于8月10日、11日相继在浙江温岭市沿海、山东青岛市黄岛区登陆，之后一路北上至华北、东北等地。“利奇马”是1949年以来登陆中国大陆第五强台风，在登陆浙江的台风中强度排名第三。受其影响，8月9—15日，江南东部、江淮东部、黄淮东部、华北东部、东北东部等地累计降水量有50～250毫米，浙江和山东局地超过400毫米；有46县(市)日降水量达极端事件标准，其中19县(市)突破历史极值；温岭局地风力超过17级。由于风雨强度大，造成了严重的人员伤亡和经济损失。

第三节　中国气候异常成因简析

一、2018/2019年冬季气温异常成因简析

2018/2019年冬季，中国冷空气活动较频繁且强度偏强，受其影响，除东北地区、西南地区

及华南地区中东部等地气温较常年同期偏高外，其余地区气温偏低。从气温季节内演变的阶段性特征来看，中国平均气温整体表现出“前冬冷、隆冬暖、后冬接近常年”的阶段性变化特征。分析表明，2018/2019 年冬季，东亚冬季风强度和西伯利亚高压的异常偏强是导致我国冬季气温异常的主要原因。欧亚中高纬环流季节内调整明显，引起我国气温异常表现出明显的阶段性特征。

从冬季季节内逐月环流演变来看，副热带地区环流特征季节内变化不大，西太副高持续偏强，西伸偏北，印缅槽持续偏弱；而欧亚中高纬地区环流季节内调整则比较明显：2018 年 12 月，乌拉尔山地区 500 hPa 高度场为显著正异常，贝加尔湖—巴尔喀什湖地区为高度场负异常，欧亚中高纬环流经向度较大；2019 年 1 月，乌拉尔山地区高度场正异常减弱，贝加尔湖—巴尔喀什湖地区由高度场负异常转为正异常，欧亚中高纬整体调整为以平直的纬向型环流为主；2 月，贝加尔湖—巴尔喀什湖地区再次转变为高度场负异常，欧亚中高纬环流经向度再次增强。正是由于乌拉尔山地区及贝加尔湖—巴尔喀什湖地区高度场异常的季节内调整，导致 2018/2019 年冬季中国气温表现出明显的季节内波动特征。

2000 年以来，东亚冬季风和西伯利亚高压整体均处于偏强的年代际背景下，2018/2019 年冬季东亚冬季风和西伯利亚高压均较常年同期偏强，与年代际背景相一致。且二者在季节内尺度上也表现出较为一致的阶段性演变特征。此外，西伯利亚高压与中国平均气温的季节内演变表现出明显的负相关。前期（秋季）巴伦支海—喀拉海海冰密集度偏小可能是导致东亚冬季风偏强的重要原因。

二、春季气候异常成因简析

1. 降水异常分布成因

2019 年春季，中国平均降水接近常年同期，但旱涝分布差异显著。东北、西北地区东部和华南降水显著偏多，而黄淮、江淮及云南大部降水异常偏少，其中云南地区降水量为历史同期最少。西太副高异常偏强、偏西及偏南的特征基本决定了我国春季降水异常的分布型，其强度和位置不仅能够直接影响南方降水东多西少的分布，同时也通过与中高纬异常环流系统间的相互作用影响我国北方降水异常的格局。进一步分析热带海温外强迫的影响显示，在 El Niño 衰减年的春季，热带印度洋海温的增暖对西太副高持续偏强、偏西起到更加重要的作用，而 El Niño 事件对西太副高强度的影响在春季逐渐减弱，更多地表现出对西太副高南北位置的影响。另外，El Niño 年孟加拉湾出现明显的反气旋式环流异常，使得对云南地区的水汽输送减弱，导致云南大部地区春季降水偏少。

2. 气温异常偏高成因

2019 年春季，中国平均气温为 11.5 ℃，为 1961 年以来历史同期第四高。春季（尤其是 3—4 月）全国大部地区气温偏高受到中纬度环流型的显著影响，乌拉尔山及其以北地区为负高度距平中心，而乌拉尔山以东到贝加尔湖地区为大范围正高度距平，这种异常环流形势非常有利于我国气温整体偏高。

三、夏季降水异常成因简析

2019 年夏季，中国降水总量接近常年，但旱涝分布有明显的空间差异，东部主要多雨区位于江南至华南及东北地区，云南和黄淮等地气象干旱长时间持续。东部季风区降水还呈现出明显的季节内变化，尤其是江南等地在夏季前期降水过程密集，涝灾严重，但后期急速减少，高温事件迅速爆发。华南前汛期和江南梅雨开始早结束晚。降水的上述异常特征主要受到欧亚中高纬大气环流的影响。

2019 年夏季，欧亚中高纬度地区两槽一脊的环流形势非常明显。在乌拉尔山及以北地区为一个宽广的低槽，贝加尔湖及以北地区则为深厚的高压脊，东亚地区为另一个位势高度负距平区，两个负中心分别位于鄂霍次克海—西北太平洋海盆及黄海至日本海。其中黄海至日本海持续维持的低槽造成夏季西太平洋副热带高压强度偏强，位置略偏西、偏南。这一低槽也是长江中下游少雨和江南多雨的直接原因。其在夏季前期位置明显偏南，和副热带高压脊线南北位置的演变非常一致。但在夏季后期，随着这一低槽的减弱北移，副热带高压迅速北跳，也造成雨带从江南快速移动到北方地区。

四、秋季气候异常成因简析

2019 年秋季，中国气候异常特征总体表现为：大部地区气温较常年同期偏高，全国平均气温为 1961 年以来同期第三高；降水空间分布非常不均匀，呈“西多东少、北多南少”的特征。秋季气候的上述异常主要是由大气环流和海温异常共同引起的。

欧亚中高纬为“两脊一槽”分布，乌拉尔山以西为正高度距平，巴尔喀什湖—贝加尔湖及其以北为低槽控制，贝加尔湖以东大部为正高度距平控制，我国大部地区受正高度距平控制，不利于来自极地和中高纬度地区的冷空气从西北向东南方向扩散。秋季冷空气整体势力一般，共发生了 9 次明显的冷空气过程，接近常年同期（8 次），冷空气过后迅速回温，因而秋季我国大部地区气温偏高。副高面积偏大，强度偏强，西伸脊点偏西，脊线偏北。副高体分为东、西两段，东段位于 130°E 以东的西北太平洋地区，位置较常年同期偏北，引导水汽向我国华北和内蒙古地区输送，从而造成我国北方地区降水偏多。副高西段位于南海西侧上空，有利于来自低纬度的西南暖湿水汽向我国西南地区输送，在西南地区形成水汽通量辐合，有利于西南地区北部和东部降水偏多。菲律宾东北部存在明显的气旋性环流，因而我国南方地区受偏北气流控制，降水偏少。同时，海温异常也显著影响我国秋季气候。2019 年 7 月弱的中部型 El Niño 事件结束，秋季海温分布偏向于中部型 El Niño。东亚副热带环流显示出清晰的响应，秋季副高偏强、偏西、偏北，菲律宾东北部存在气旋性环流异常，导致了我国西部和北方地区降水偏多，南方地区降水偏少。

第四节　气候系统特征

一、季风活动

1. 冬季风偏强

2018/2019 年冬季，东亚冬季风偏强，强度指数为 0.98（图 1.4.1）。冬季西伯利亚高压指数为 2.0，强度偏强（图 1.4.2）。季节内冬季风强弱转换阶段性特征显著，相应的冬季气温呈现出“前冬冷、后冬暖”的阶段性变化特征。冬季欧亚中高纬整体以经向型环流为主，乌拉尔山地区为高度场正异常，贝加尔湖—巴尔喀什湖地区为高度场负异常。东亚槽强度略偏强、位置偏东，冬季冷空气活动较频繁且强度偏强，主要以西路路径入侵中国。受其影响，除东北地区、西南地区及华南地区中东部等地气温较常年同期偏高外，其余地区冬季气温偏低。

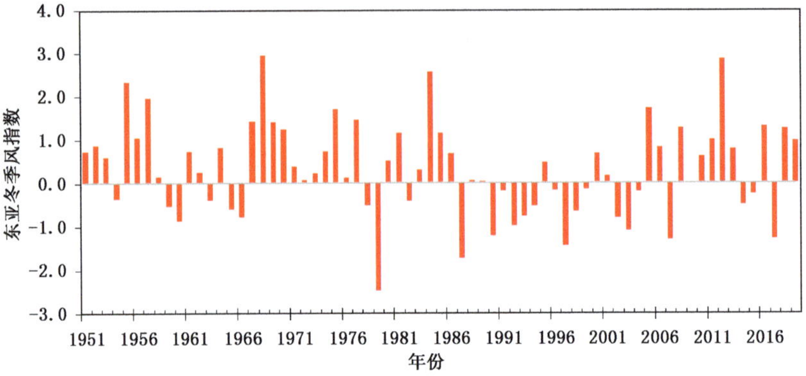

图 1.4.1　东亚冬季风指数历年变化(1950/1951 年冬季至 2018/2019 年冬季)

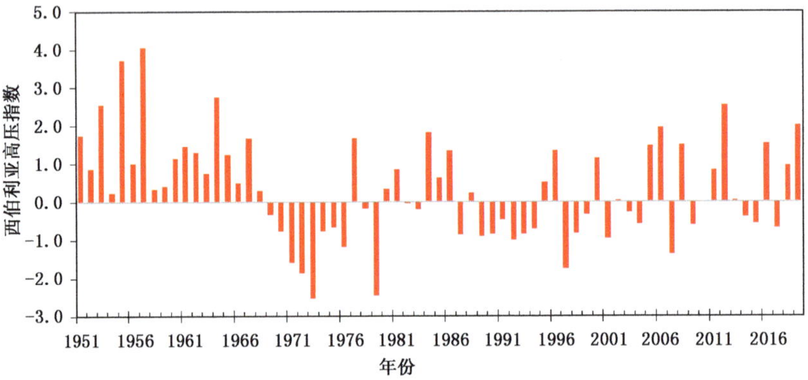

图 1.4.2　西伯利亚高压指数历年变化(1950/1951 年冬季至 2018/2019 年冬季)

2. 南海夏季风爆发明显偏早，东亚夏季风强度略偏强

2019 年南海夏季风于 5 月第 2 候爆发，爆发时间较常年(5 月第 5 候)偏早 3 候；于 9 月第 5 候结束，较常年(9 月第 6 候)偏早 1 候；南海夏季风强度指数为 1.43，强度明显偏强。从逐候强度指数演变来看(图 1.4.3)，南海夏季风爆发后在 5 月第 2—4 候偏强，5 月第 5 候至 6 月第 5 候总体偏弱，6 月第 6 候至 9 月第 2 候表现出明显偏强的特征。进入 9 月下旬以后，南海夏季风较常年明显偏弱。2019 年东亚副热带夏季风较常年略偏强，强度指数为 0.78(图 1.4.4)。

5 月第 2 候，随着南海夏季风的爆发，我国江南—华南等地有明显的降水过程。6 月至 7 月中旬，东部主雨带位于江南至华南一带，长江中下游梅雨 6 月 16 日开始，江南梅雨 6 月 17 日开始，这一时段副高位置明显偏南，江淮地区空梅。

7 月第 4 候，副高明显北抬，引导暖湿气流向我国北方地区输送，主雨带北跳至黄淮、华北和东北等地。8 月中旬，北方雨带开始季节性南撤。同时，受第 9 号台风“利奇马”于 10 日、11 日相继两次登陆的影响，江淮东部、黄淮东部、东北东部降水偏多。

9 月，副高加强西伸，同时孟加拉湾水汽充足，我国西部降水偏多、东部降水偏少。9 月第

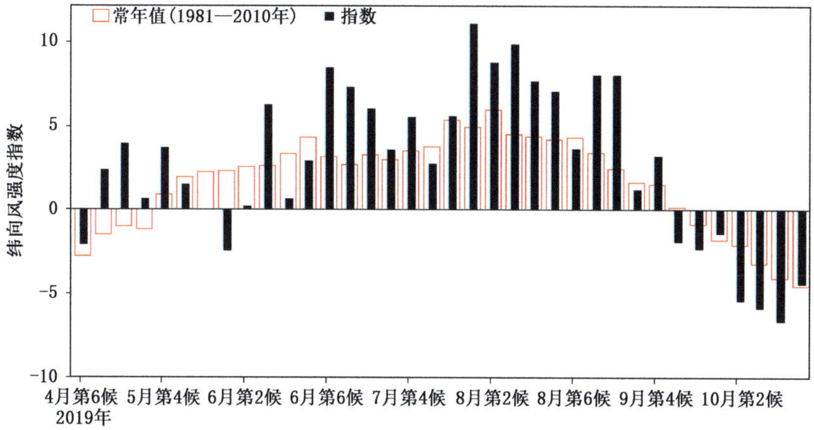

图 1.4.3 2019 年南海季风监测区逐候纬向风强度指数变化(单位:米/秒,红色方框表示常年值)

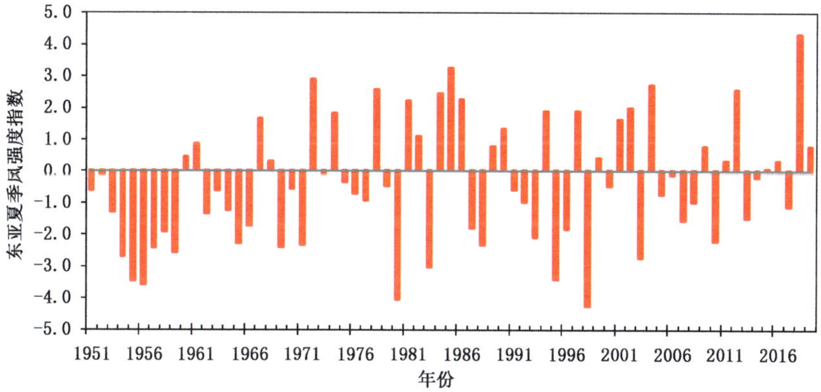

图 1.4.4 1951—2019 年东亚副热带夏季风强度指数历年变化

5 候,随着北方冷空气南下影响我国华南沿海和南海地区,夏季风撤离南海地区,南海夏季风结束(图 1.4.5)。

二、热带海洋和热带对流

2019 年 1—6 月,135°E 以东赤道太平洋地区海温持续维持正异常,正异常中心位于日界线附近的赤道中太平洋地区,Niño 3.4 区海表温度距平指数始终维持在 0.5℃以上;7 月以后,150°W 以东赤道东太平洋海温转为负距平,135°E～150°W 赤道中西太平洋海温继续维持正距平,正异常中心依然位于日界线附近,Niño 3.4 区海表温度距平指数于 7—9 月迅速下降至 0℃附近;但 10 月开始,赤道中西太平洋暖异常逐步向东扩展,Niño 3.4 区海表温度距平指数迅速上升至 0.62℃,并在 11 月维持。截至 11 月底,赤道太平洋大部分地区海温均表现为正异常(图 1.4.6)。

2019 年,南方涛动指数(SOI)始终维持负位相(图 1.4.7),热带大气表现出对赤道中东太平洋暖海温异常的响应。

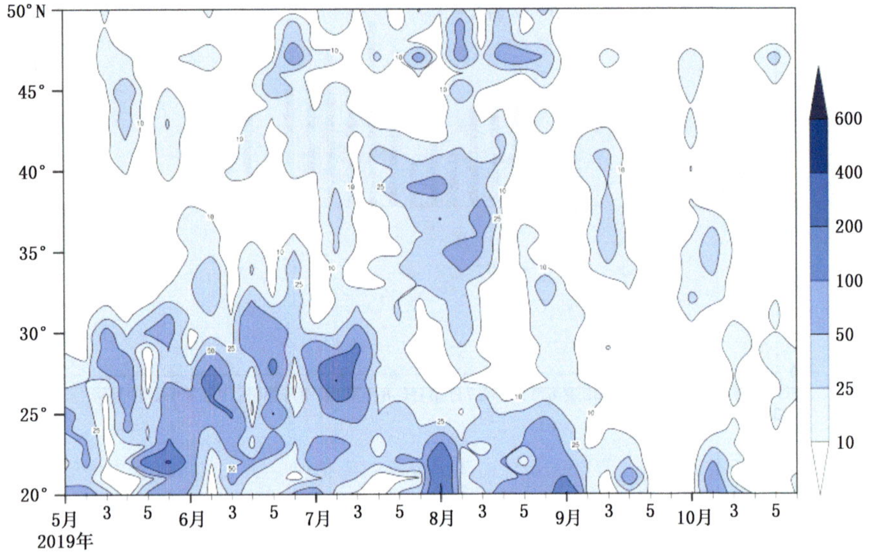

图 1.4.5 2019 年 5—10 月 110°～120°E 平均候降水量纬度—时间剖面图(单位:毫米)

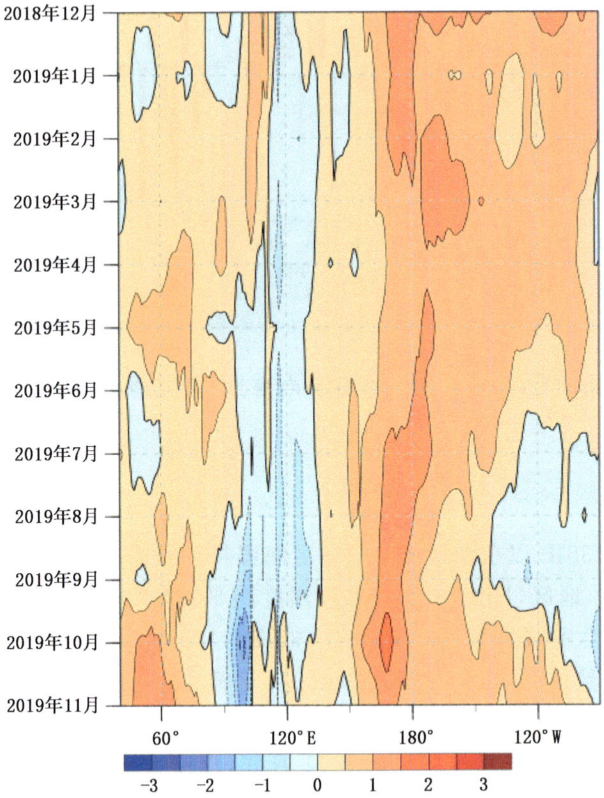

图 1.4.6 赤道太平洋(5°N～5°S)海表温度距平时间—经度剖面图(单位:℃)

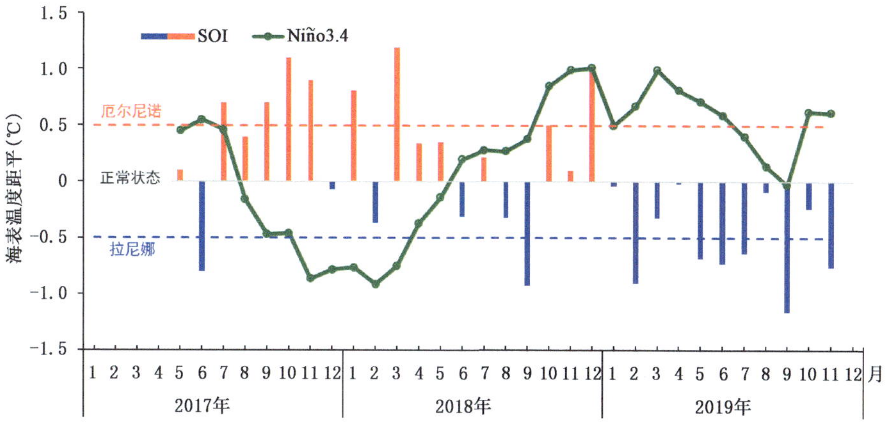

图 1.4.7　2017—2019 年 Niño 3.4 海温指数(单位:℃)及南方涛动指数(SOI)逐月演变

2019 年 1—6 月,强对流活动(通常用射出长波辐射通量距平来表征)中心位于日界线附近的赤道中太平洋,赤道东太平洋对流活动较弱;7—12 月,日界线以西的赤道中西太平洋对流活动间歇性活跃,日界线以东的赤道太平洋地区对流活动较弱;2019 年印度洋东部对流活动明显受到抑制(图 1.4.8)。赤道太平洋对流活动的异常分布及演变特征整体与海表温度的发展演变相对应。

三、西北太平洋副热带高压

2019 年夏季,西北太平洋副热带高压面积较常年同期偏大、强度偏强、西伸脊点位置明显偏西(图 1.4.9)。逐日监测结果显示(图 1.4.10),西北太平洋副热带高压在 6 月至 7 月中旬偏南的特征持续而显著,受其影响,江南等地降水显著偏多;而 7 月下旬至 8 月上旬,西太平洋副热带高压迅速北跳,造成雨带从江南快速移动到北方地区。

四、北半球积雪

1. 北半球、欧亚及中国秋季积雪面积偏大

2019 年,北半球积雪面积 3—9 月较常年同期偏小,其余月份均偏大(图 1.4.11(a));欧亚积雪面积 2—8 月偏小,其余月份均偏大(图 1.4.11(b));中国积雪面积 3—9 月偏小,其余月份均偏大(图 1.4.11(c))。青藏高原积雪面积 5—9 月偏小,其余月份均偏大(图 1.4.11(d));新疆积雪面积 3—7 月和 9 月偏小,其余月份均偏大(图 1.4.11(e));东北地区(含内蒙古东部)1—5 月积雪面积偏小,6—9 月接近常年同期,10—11 月偏大(图 1.4.11(f))。

2. 中亚北部、东欧及中国西部积雪日数偏多

2018/2019 年冬季,50°N 以北(包含北美洲大部、欧亚大陆北部及中国新疆北部、内蒙古东北部至东北北部)的大部分地区积雪日数达 75 天以上(图 1.4.12(a))。与常年同期相比,蒙古南部、中亚南部、欧洲西北部及我国内蒙古中东部至东北中部等地积雪日数较常年同期偏少 10～30 天;中亚北部、东欧地区、北美西部及我国青藏高原东部、西北地区东部、长江上中游及新疆北部部分地区积雪日数较常年同期偏多 10～30 天(图 1.4.12(b))。

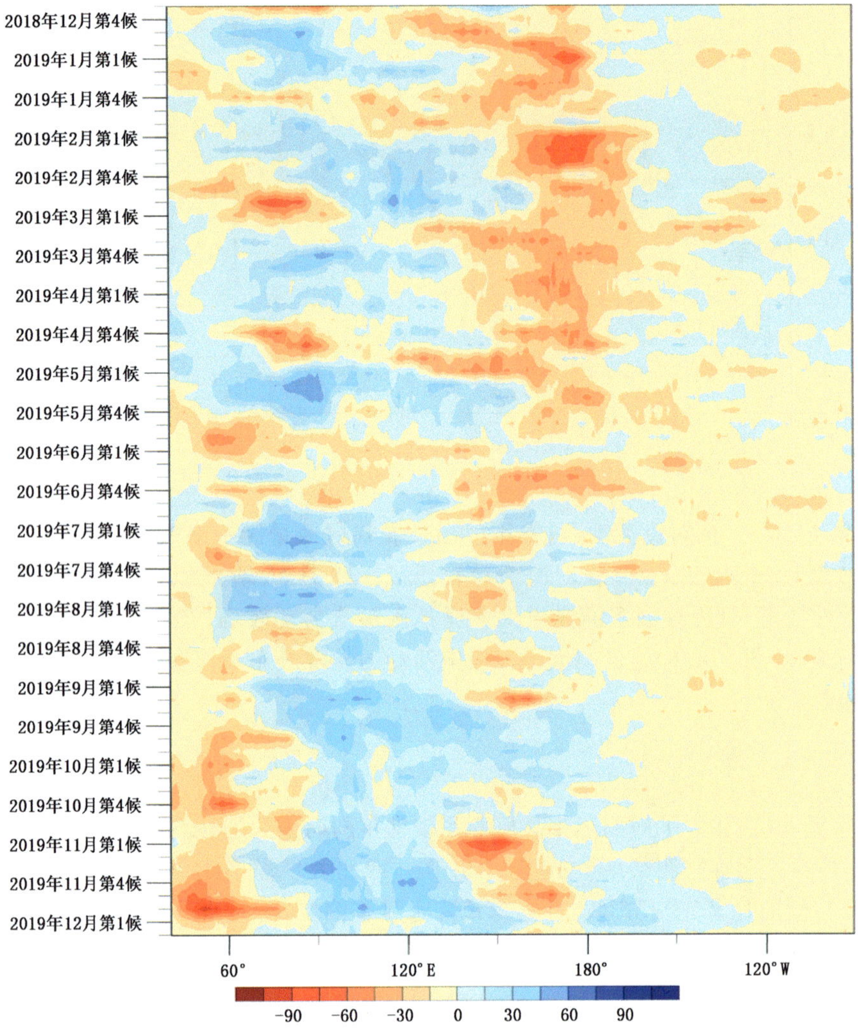

图 1.4.8 赤道太平洋(5°N～5°S)射出长波辐射通量距平时间—经度剖面图(单位:瓦/米²)

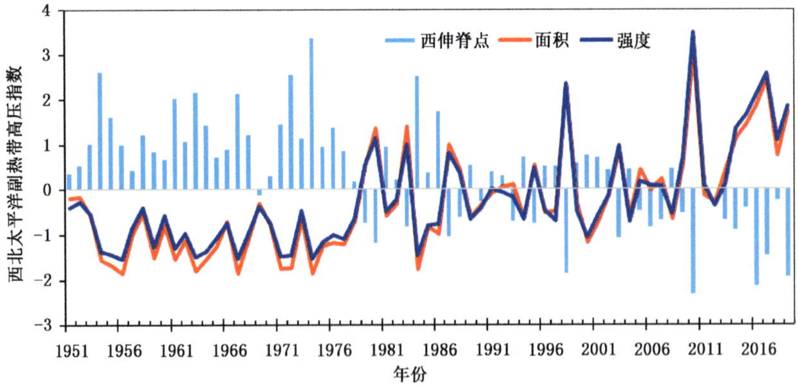

图 1.4.9 1951—2019 年夏季西北太平洋副热带高压指数历年变化

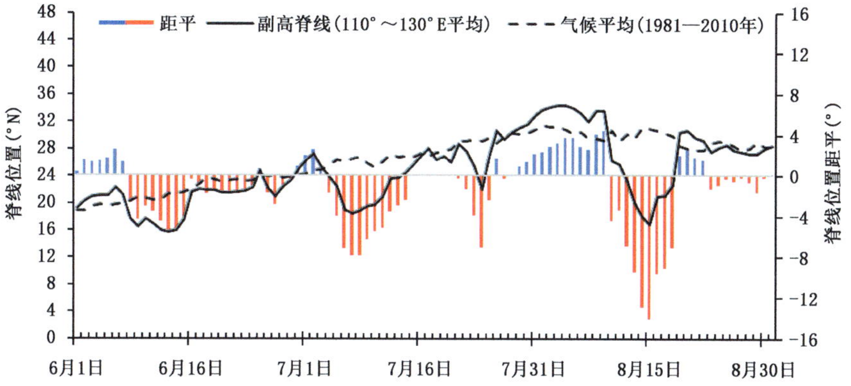

图 1.4.10 2019 年夏季西北太平洋副热带高压脊线位置逐日演变

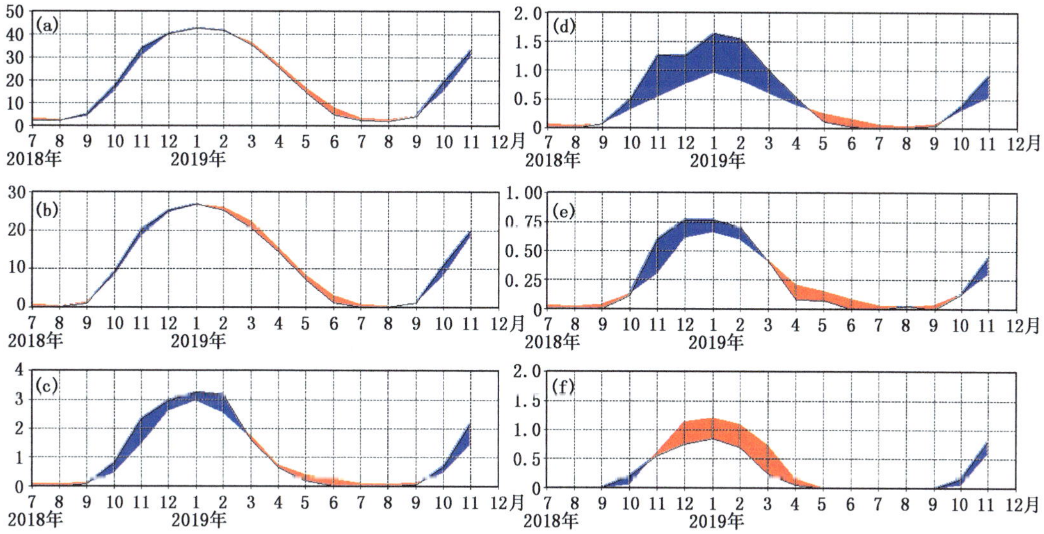

图 1.4.11 2018 年 7 月至 2019 年 11 月北半球区域积雪面积指数变化(单位:百万平方千米)
(a)北半球,(b)欧亚大陆,(c)中国,(d)青藏高原,(e)新疆北部,(f)东北
(红色代表实际值低于气候值,蓝色表示高于气候值)

3. 冬季新疆北部和青藏高原南部积雪偏深,东北地区偏浅

2018/2019 年冬季,黑龙江北部局地、内蒙古东北部部分地区、新疆北部及青藏高原南部和西部等地雪深 5 厘米以上,局部超过 25 厘米(图 1.4.13(a))。与常年同期相比,新疆北部部分地区、青藏高原南部及西部地区、西北地区中部部分地区积雪偏深 1～10 厘米,局地偏深 10 厘米以上;东北大部及内蒙古中东部、新疆北部局地积雪偏浅,部分地区偏浅 10 厘米以上(图 1.4.13(b))。

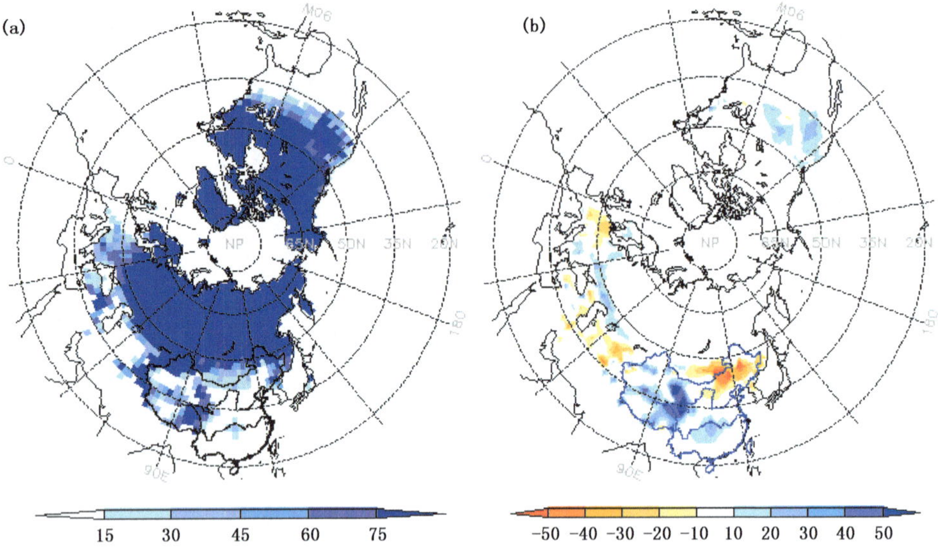

图 1.4.12　2018/2019 年冬季北半球积雪日数(a)及其距平(b)分布图(单位:天)

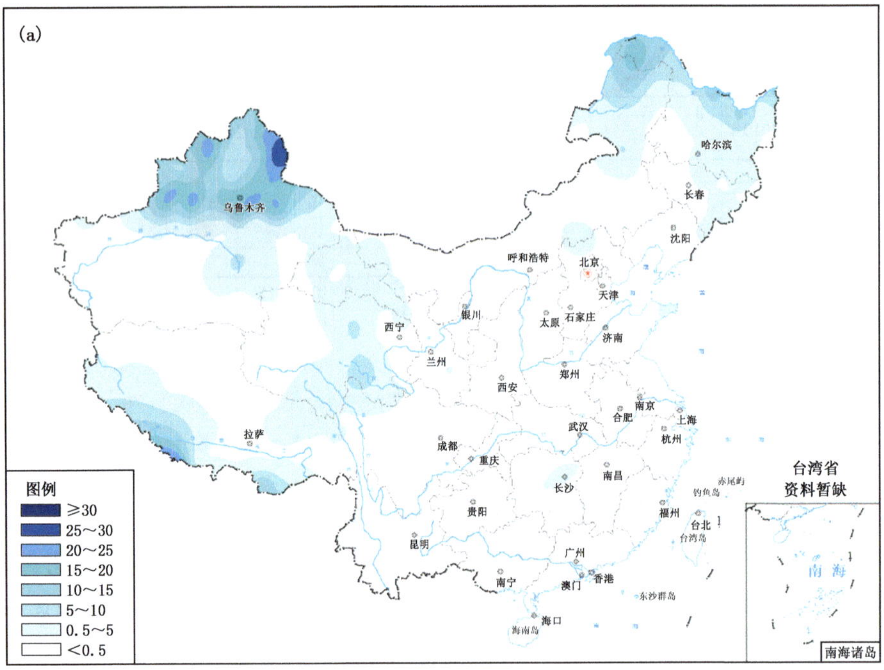

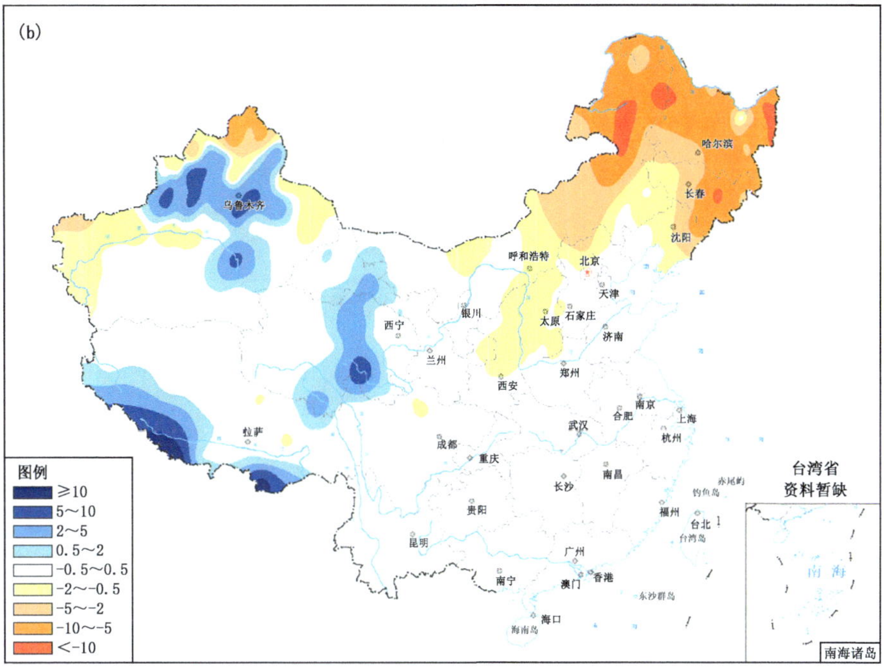

图 1.4.13 2018/2019 年冬季全国平均积雪深度(a)及其距平(b)分布图(单位:厘米)

第二章　气象灾害及影响评估

第一节　灾情概况

一、全国灾情

2019 年气象灾害造成农作物受灾面积 1925.7 万公顷，受灾人口 13698.1 万人次，死亡 735 人，失踪 93 人，直接经济损失 3179.9 亿元，占当年 GDP 比重为 0.32%。与近 5 年相比，受灾人口、死亡和失踪人数明显减少，受灾面积和直接经济损失偏少(图 2.1.1)。总体来看，2019 年气象灾害属偏轻年份。

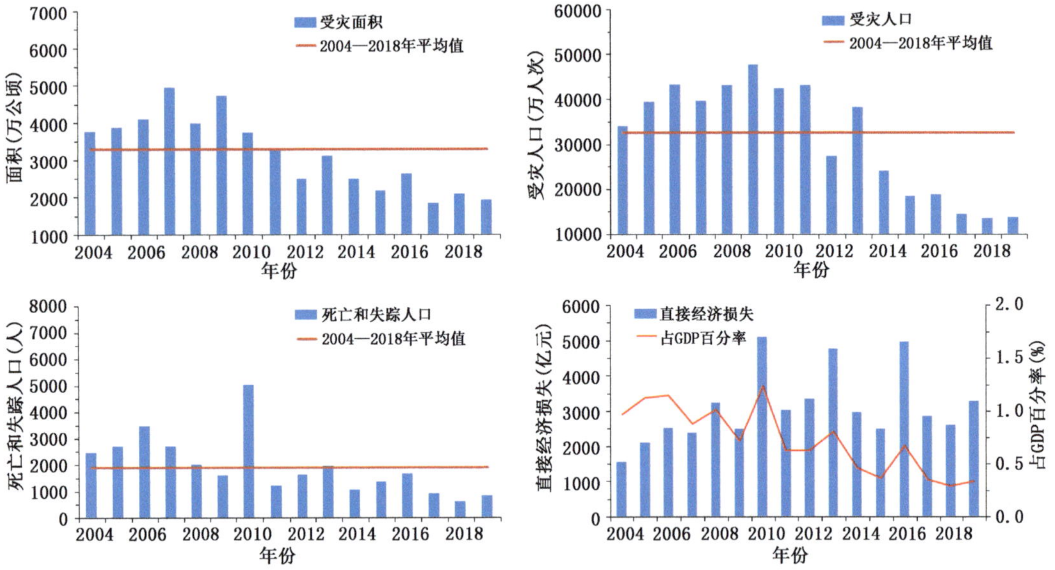

图 2.1.1　2004—2019 年全国气象灾害灾情指标

2019 年全国主要气象灾害各项损失占总损失的比例中受灾面积和受灾人口最大的均为干旱，分别达 40.7%和 44%，暴雨洪涝次之，分别为 34.70%和 34.8%；绝收面积、死亡和失踪人口、直接经济损失最大的均为暴雨洪涝，所占比重分别为 47.2%、79.5%和 60.5%(表 2.1.1)。

表 2.1.1 主要气象灾害灾情指标占总损失比重(单位:%)

	受灾面积	绝收面积	受灾人口	死亡和失踪人口	直接经济损失
干旱	40.7	39.7	44.0	0.0	14.4
暴雨洪涝	34.7	47.2	34.8	79.5	60.5
风雹	11.6	6.1	7.5	11.1	5.8
台风	10.0	5.7	12.1	8.9	18.5
低温冷冻和雪灾	3.0	1.3	1.6	0.5	0.9

二、各省(区、市)灾情

2019 年各省(区、市)来看,受灾面积最大的为黑龙江,达 354.07 万公顷,远大于其他省份,其次是云南、山西、内蒙古 3 省(区),受灾面积分别为 156.9 万公顷、147.4 万公顷、145.4 万公顷;绝收面积超过 20 万公顷的省份有黑龙江、山西、江西、湖北,分别为 73.8 万公顷、31.42 万公顷、21.7 万公顷、20.2 万公顷;受灾人口超过 1000 万人次的省份有江西、湖北、河南、湖南、山东,分别为 1545.9 万人次、1281.6 万人次、1221.9 万人次、1173.9 万人次、1126.6 万人次;死亡和失踪人口以四川最多,为 112 人,其次为广西、贵州、云南,分别为 94 人、76 人、69 人;直接经济损失超过 200 亿元的省份有浙江、山东、江西、四川、湖南、黑龙江,分别为 552.6 亿元、425.3 亿元、333.6 亿元、276.5 亿元、243.1 亿元、2214 亿元(图 2.1.2)。

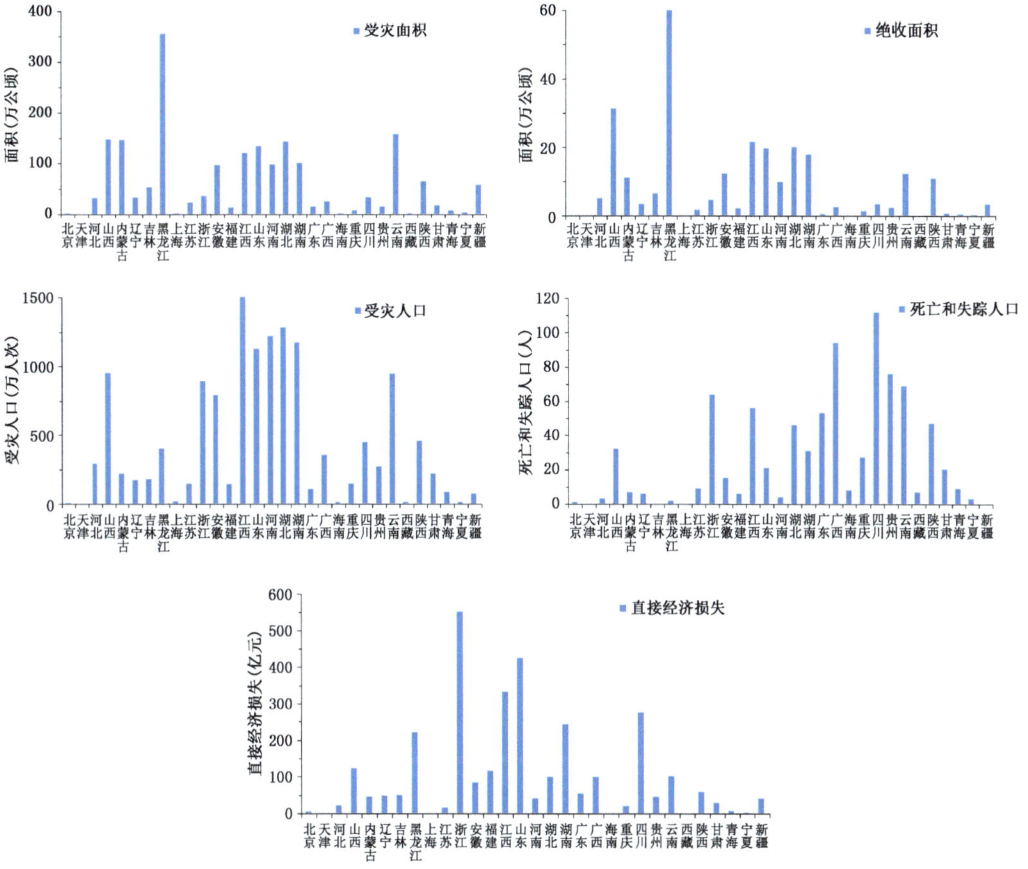

图 2.1.2 2019 年各省(区、市)灾情指标

考虑受灾面积、绝收面积、受灾人口、死亡和失踪人口、直接经济损失5种灾情指标，定义各省(区、市)灾情综合指数为各省(区、市)各灾情指标占全国比重(单位取%)之和。2019年的计算结果如图2.1.3所示，可以看出，受灾最为严重的省份为黑龙江，之后依次为江西、山东，综合灾情指数分别为54.8、42.5、38.2。黑龙江上述5种灾情指标占全国比重分别为18.4%、26.3%、2.9%、0.2%、7.0%，绝收面积比重远大于其他省份；江西绝收面积、受灾人口、直接经济损失占全国比重较大，分别为7.7%、11.3%、10.5%，排名分别为第三、第一、第三；山东受灾人口、直接经济损失占全国比重较大，分别为8.2%、13.4%，排名分别为第二、并列第一。

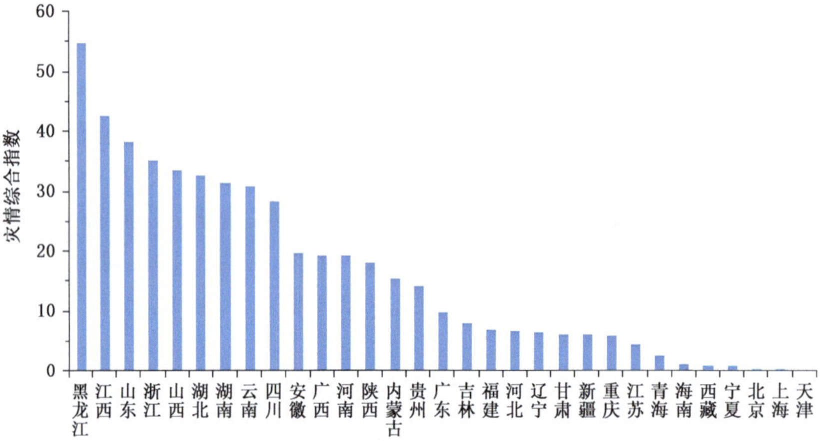

图2.1.3　2019年各省(区、市)灾情综合指数(单位:%)

第二节　干旱及其影响

2019年，我国区域性和阶段性干旱过程明显。受旱面积较大或旱情较重的有山西、湖北、安徽、云南等省。年内，华北、黄淮、江淮等地出现阶段性春旱，云南遭遇严重春夏连旱，长江中下游地区遭遇严重伏秋连旱。

2019年，全国农作物受旱面积783.8万公顷，绝收面积111.4万公顷；受旱面积较常年偏少1658.7万公顷。山西、湖北、安徽3省因旱绝收面积占全国因旱绝收面积的52.5%。2019年全国因旱造成6030.2万人受灾，其中饮水困难人口560.2万人；直接经济损失457.4亿元。

一、基本特征

1. 干旱日数

由综合干旱指数和区域干旱指标统计结果可见，2019年我国中东大部、西南大部、西藏南部及新疆中北部等地干旱日数普遍在20天以上，其中华北中部和南部、黄淮、江淮、江南北部和东部以及四川南部、云南大部、陕西东部等地干旱日数达50天以上，山东半岛、长江中下游及云南等地超过100天(图2.2.1)。

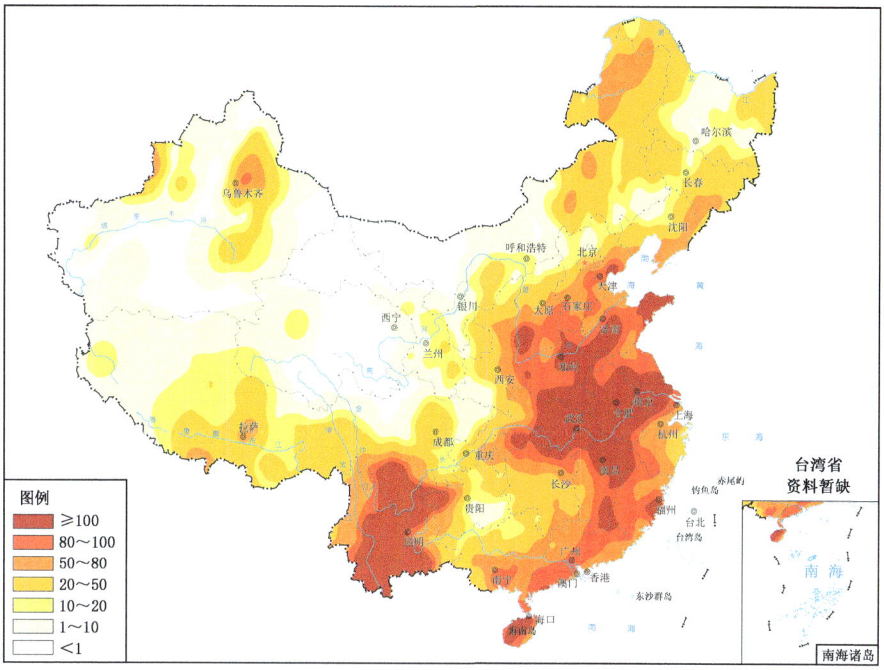

图 2.2.1　2019 年全国干旱(中旱及以上等级干旱)日数分布图(单位:天)

2018/2019 年冬季气象干旱主要出现在西南、华北以及华南等地区;2019 年春季气象干旱主要出现在东北、华北、黄淮、江淮、江汉、西南、西北地区东部、江南北部以及云南等省(区);夏季,华北、黄淮、江淮、西南、江南北部、江汉以及内蒙古、辽宁、吉林、西藏、新疆等省(区)发生不同程度的气象干旱;秋季,黄淮、江淮、江汉、江南、华南以及河北、四川、云南等省(区)出现气象干旱(图 2.2.2)。

2. 干旱气候指数

干旱气候指数是基于标准化降水指数评估干旱的程度,划分相应级别,确定日干旱指数并累计求得。经标准化处理后,2019 年,全国干旱气候指数为 7.5,较常年(4.2)明显偏大,干旱程度明显偏强(图 2.2.3)。

二、灾情特征

1. 全国灾情

2019 年,全国农作物受旱面积 783.8 万公顷,绝收面积 111.4 万公顷;干旱灾害造成 6030.2 万人受灾,其中饮水困难人口 560.2 万人;直接经济损失 457.4 亿元。

与 2003 年以来的灾情相比,2019 年干旱导致的直接经济损失接近常年,但各项灾情指标均不同程度偏小,受灾面积为第二少,饮水困难人口为第五少(图 2.2.4)。

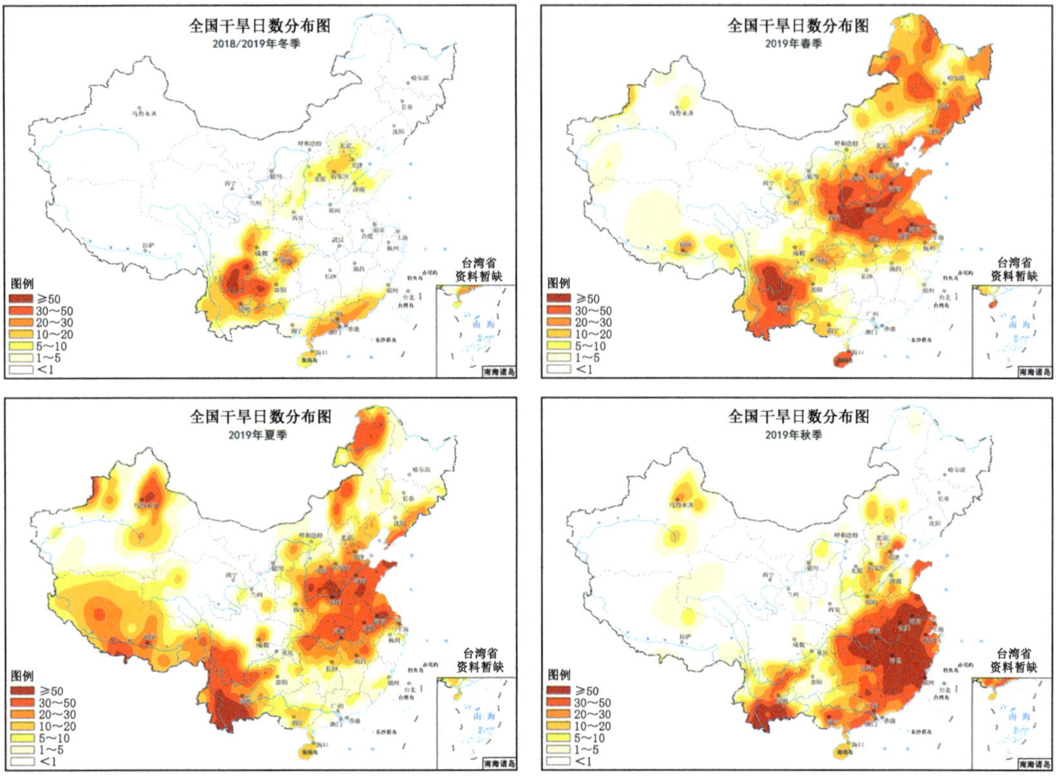

图 2.2.2　2019 年四季全国干旱(中旱及其以上等级干旱)日数分布图(单位:天)

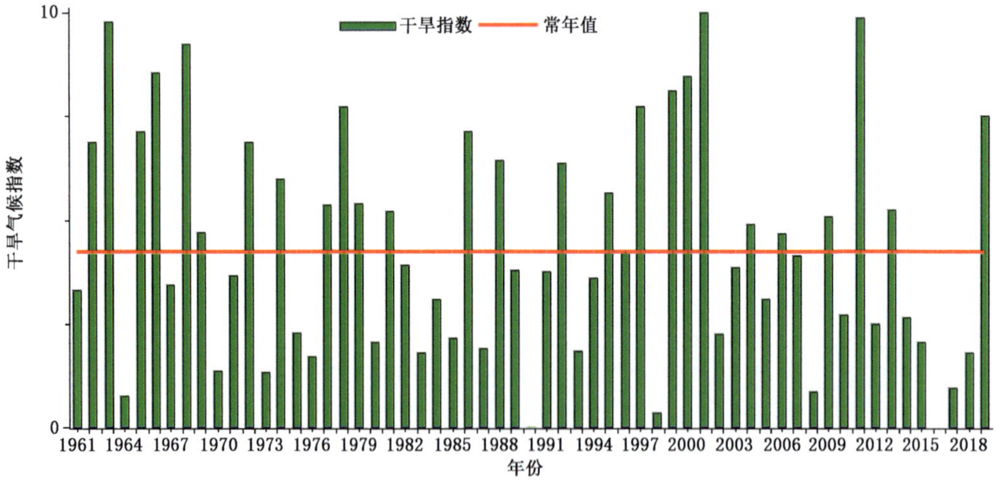

图 2.2.3　1961—2019 年全国干旱气候指数历年变化

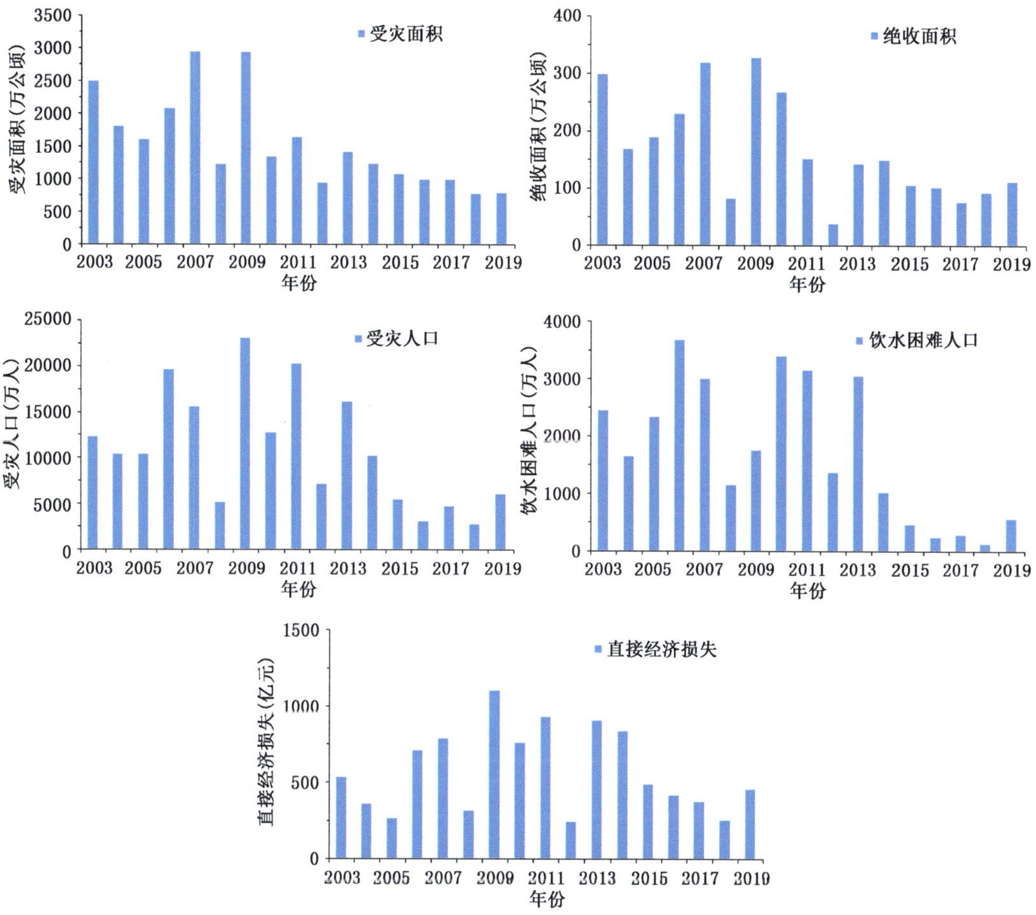

图 2.2.4 全国干旱灾情指标

2. 各省(区、市)灾情

从各省(区、市)灾情来看(图 2.2.5),2019 年干旱受灾面积较大的省为云南、山西、湖北,分别为 143.3 万公顷、128.5 万公顷、115.3 万公顷;绝收面积较大的省为山西、湖北、安徽,分别为 29.5 万公顷、17.4 万公顷、11.6 万公顷;受灾人口较多的省为河南、湖北、山西,分别为 1021.1 万人、999.0 万人、837.7 万人;饮水困难人口较多的省为云南、安徽、湖北、江西,分别为 130.6 万人、100.7 万人、98.1 万人、92.0 万人;直接经济损失较大的省为山西、云南、湖北,分别为 99.1 亿元、72.0 亿元、66.2 亿元。

考虑受灾面积、绝收面积、受灾人口、饮水困难人口、直接经济损失 5 种灾情指标,定义各省(区、市)灾情综合指数为各省(区、市)各灾情指标占全国比重(单位取%)之和。2019 年的计算结果如图 2.2.6 所示,可以看出,受灾最为严重的省为山西,之后依次为云南和湖北,综合灾情指数分别为 83.9、79.1 和 78.9。山西上述 5 种灾情指标占全国比重分别为 16.4%(全国排名第二位)、26.4%(全国排名第一位)、13.9%(全国排名第三位)、5.5%(全国排名第六位)、21.7%(全国排名第一位),灾情综合指数最大;云南 5 种灾情指标占全国比重分别为 18.3%(全国排名第一位)、9.2%(全国排名第四位)、12.6%(全国排名第四位)、23.3%(全国排名第

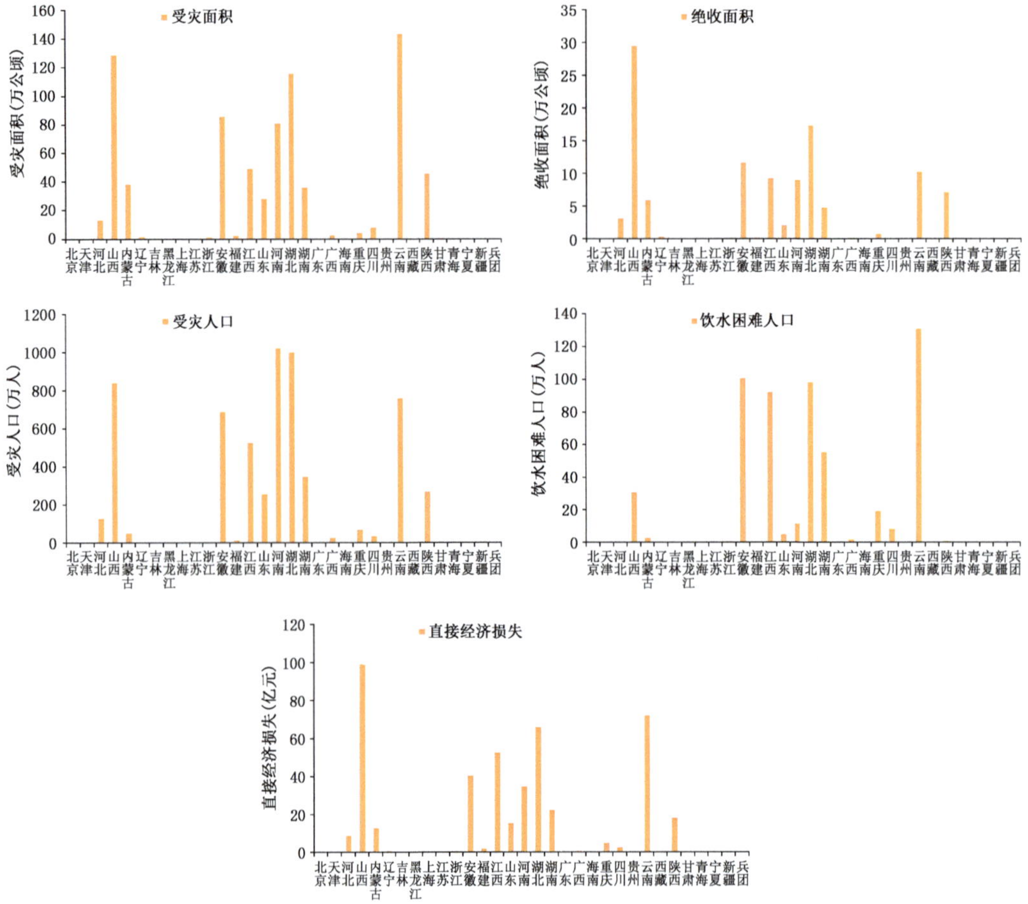

图 2.2.5　各省(区、市)干旱灾情指标

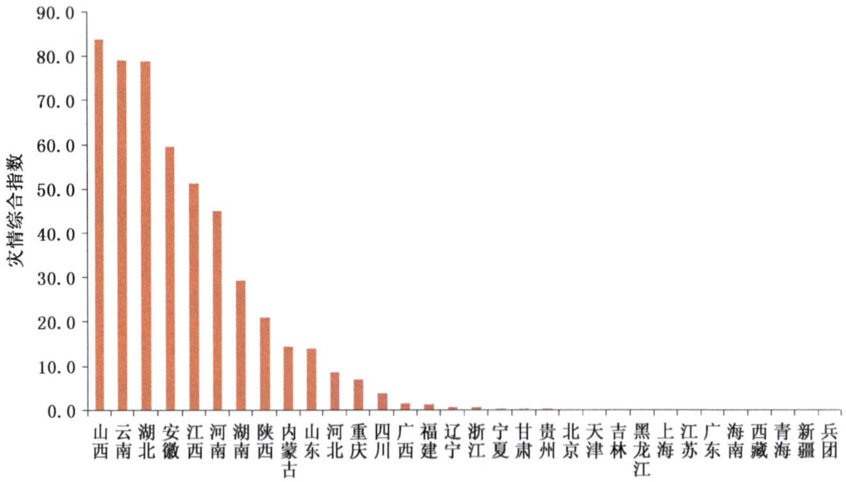

图 2.2.6　2019 年各省(区、市)干旱灾情综合指数(单位:%)

一位)、15.7%(全国排名第二位);湖北5种灾情指标占全国比重分别为14.7%(全国排名第三位)、15.6%(全国排名第二位)、16.6%(全国排名第二位)、17.5%(全国排名第三位)、14.5%(全国排名第三位)。

三、主要事件及影响

2019年,我国旱情比常年偏轻,但区域性和阶段性干旱明显。受旱面积较大或旱情较重的有山西、湖北、安徽、云南等省。年内,华北、黄淮、江淮等地出现阶段性春旱,云南遭遇严重春夏连旱,长江中下游地区遭遇严重伏秋连旱(表2.2.1)。

表2.2.1　2019年我国主要干旱事件简表

时间	地区	程度	旱情概况
3月上旬至4月上旬	华北、黄淮、江淮等地出现阶段性春旱	西北地区东部、华北、黄淮大部降水量不足10毫米,加上同期气温偏高,气象干旱持续发展,陕西中部、山西中部和西南部、河南北部、山东中西部等地出现特旱	华北大部、西北地区东南部、黄淮西部和北部、江淮大部、江汉北部等地森林火险等级偏高
4月上旬至6月下旬	云南遭遇严重春夏连旱	云南平均降水量较常年同期偏少42.9%,为1961年以来同期最少;全省平均气温偏高1.9℃,为历史同期最高	干旱造成部分河道断流、水库干涸,逾30万人饮水困难,春耕生产和人民生活受到影响
7月下旬至11月中旬	长江中下游地区遭遇严重伏秋连旱	鄂湘赣苏皖浙闽七省平均降水量246.2毫米,较常年同期(417.8毫米)偏少4成,为1961年以来同期最少;平均气温较常年同期偏高1.4℃,为历史同期最高	伏秋连旱给鄂湘赣苏皖浙闽七省农业生产造成较大影响,旱区部分农作物受灾;江河湖库水位明显下降,鄱阳湖水域面积比常年同期偏少5成,提前进入枯水期;森林火险等级偏高,旱区火点个数较常年同期偏多

1. 华北、黄淮、江淮等地出现阶段性春旱

3月至4月上旬,西北地区东部、华北、黄淮大部降水量不足10毫米,加上同期气温偏高,气象干旱持续发展,陕西中部、山西中部和西南部、河南北部、山东中西部等地出现特旱(图2.2.7);4月中旬,长江及其以北地区出现大范围降水过程,旱情明显缓和。5月,山东、河南、江苏和安徽平均降水量35.9毫米,较常年同期偏少54.7%,黄淮和江淮地区气象干旱再次发展;6月初,该区域出现大范围降水过程,气象干旱逐步缓和。受干旱影响,华北大部、西北地区东南部、黄淮西部和北部、江淮大部、江汉北部等地森林火险等级偏高。

2. 云南遭遇严重春夏连旱

4—6月,云南平均降水量较常年同期偏少42.9%,为1961年以来同期最少;全省平均气温偏高1.9℃,为历史同期最高。高温少雨导致云南大部发生严重干旱,6月下旬初气象干旱范围和强度为近20年同期最强(图2.2.8),造成部分河道断流、水库干涸。云南省旱灾峰值时造成170余万人因旱需生活救助,春耕生产和人民生活受到影响。

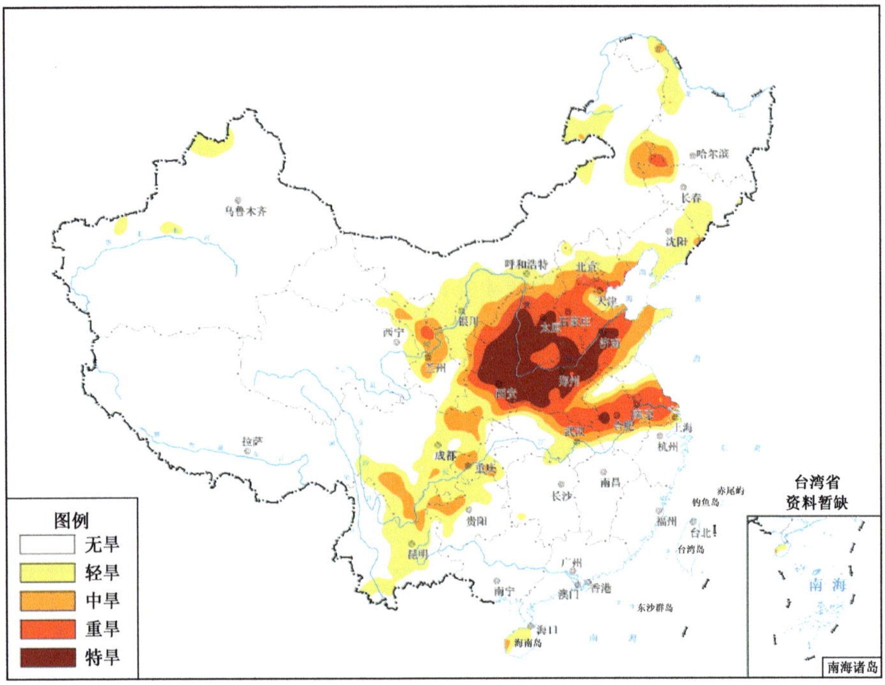

图 2.2.7　2019 年 4 月 8 日全国气象干旱综合监测图

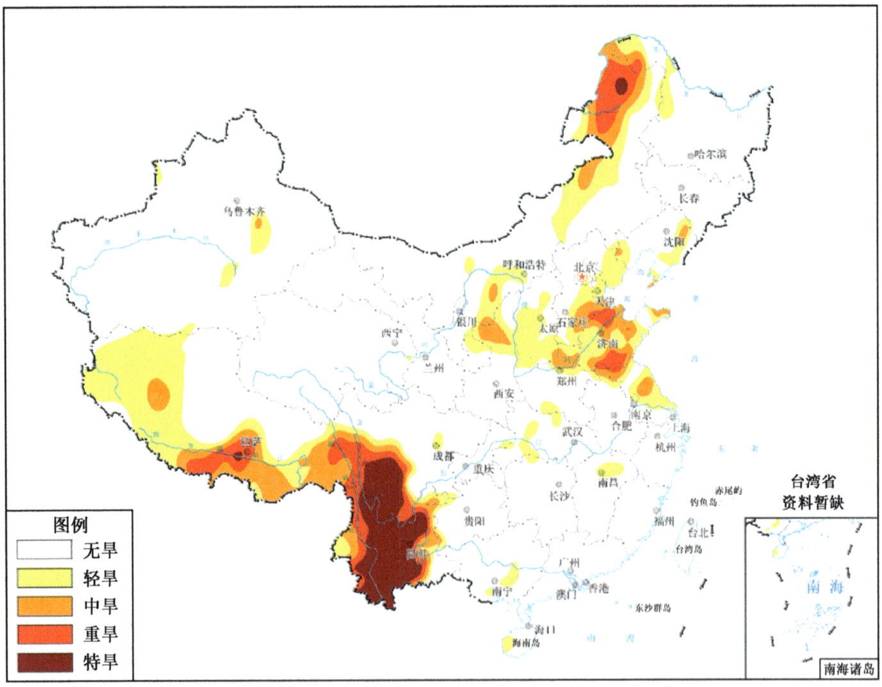

图 2.2.8　2019 年 6 月 21 日全国气象干旱综合监测图

3. 长江中下游地区遭遇严重伏秋连旱

7 月下旬至 11 月中旬，鄂湘赣苏皖浙闽 7 省平均降水量 246.2 毫米，较常年同期（417.8 毫米）偏少 4 成，为 1961 年以来同期最少；平均气温较常年同期偏高 1.4℃，为历史同期最高。长时间雨少温高导致长江中下游地区发生严重伏秋连旱，尤其是 9 月至 10 月上旬，气象干旱迅速发展（图 2.2.9）。此后，长江中下游地区气象干旱有所缓和，但 11 月上中旬再度呈持续发展态势。11 月下旬，长江中下游大部地区出现 5～25 毫米降水，其中湖北和湖南局地超过 25 毫米，气象干旱逐步缓和。

伏秋连旱给上述 7 省农业生产造成较大影响，旱区部分农作物受灾；江河湖库水位明显下降，鄱阳湖水域面积比常年同期偏少 5 成，提前进入枯水期；森林火险等级偏高，旱区火点个数较常年同期偏多。旱灾峰值时湖北、湖南、江西、安徽 4 省因旱需救助人数达 650 万人、直接经济损失 182 亿元，分别占全国旱灾总数的 51％和 40％。

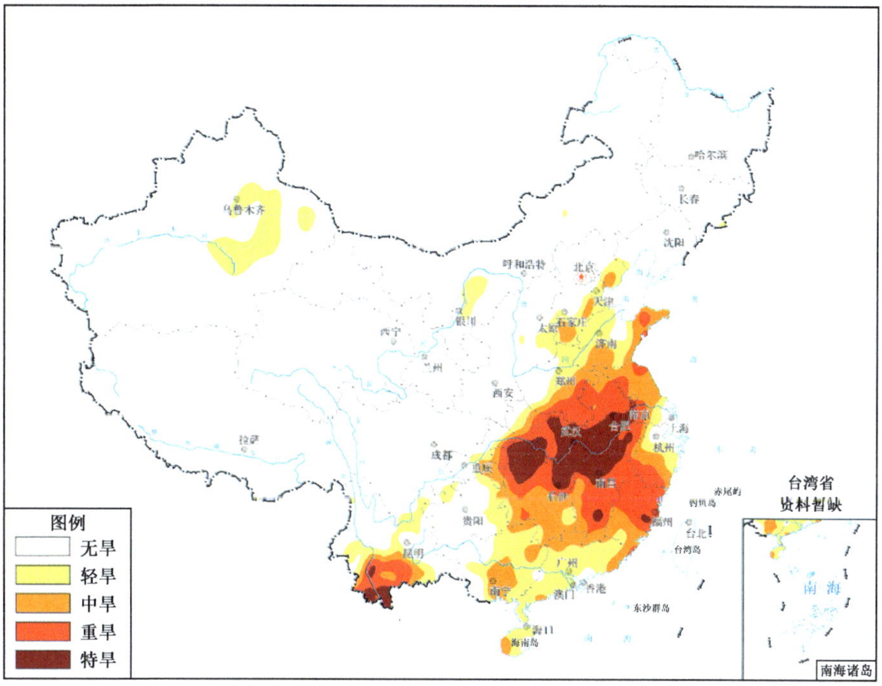

图 2.2.9 2019 年 10 月 4 日全国气象干旱综合监测图

第三节 暴雨洪涝及其影响

2019 年，全国平均降水量比常年偏多。冬春夏季降水偏多，秋季偏少。2019 年夏季，全国共出现 18 次暴雨过程，没有发生大范围流域性暴雨洪涝灾害。暴雨站日较常年偏多。本年雨涝气候指数为 5.4，较常年略偏高。夏季，部分地区洪涝灾害严重；华西秋雨开始早结束晚，雨量大、雨日多。

据统计，2019 年全国因暴雨洪涝及其引发的滑坡、泥石流灾害共造成 4766.6 万人次受灾，死亡（含失踪）658 人；农作物受灾面积 668 万公顷，其中绝收面积 132.1 万公顷；倒塌房屋

10.3 万间，直接经济损失 1922.7 亿元。

总体上看，2019 年暴雨洪涝灾害总体上较常年偏轻。2019 年全国暴雨洪涝造成的受灾面积、死亡或失踪人口、直接经济损等主要灾损指标较 2018 年均有不同程度的增加，受灾面积和死亡人口仍少于近 10 年平均。2019 年各类气象灾害中，暴雨洪涝灾害比较突出，造成的直接经济损失较重。2019 年受灾较重的有山东、四川、江西等省。

一、基本特征

1. 暴雨洪涝分布

2019 年主汛期(6—8 月)，全国平均降水量 336.7 毫米，较常年同期偏多 4%。从降水量距平百分率空间分布来看，东北大部、华北东北部、西北中部及内蒙古东部、新疆中部、广东东南部等地降水量偏多 5 成至 2 倍。从 2019 年夏季全国降水量百分位数分布图上可以看出(图 2.3.1)，黑龙江中北部、吉林中部、辽宁中部、山东中部、浙江东部和南部、福建西北部、江西南部、湖南东南部、广西东北部达到了洪涝标准。

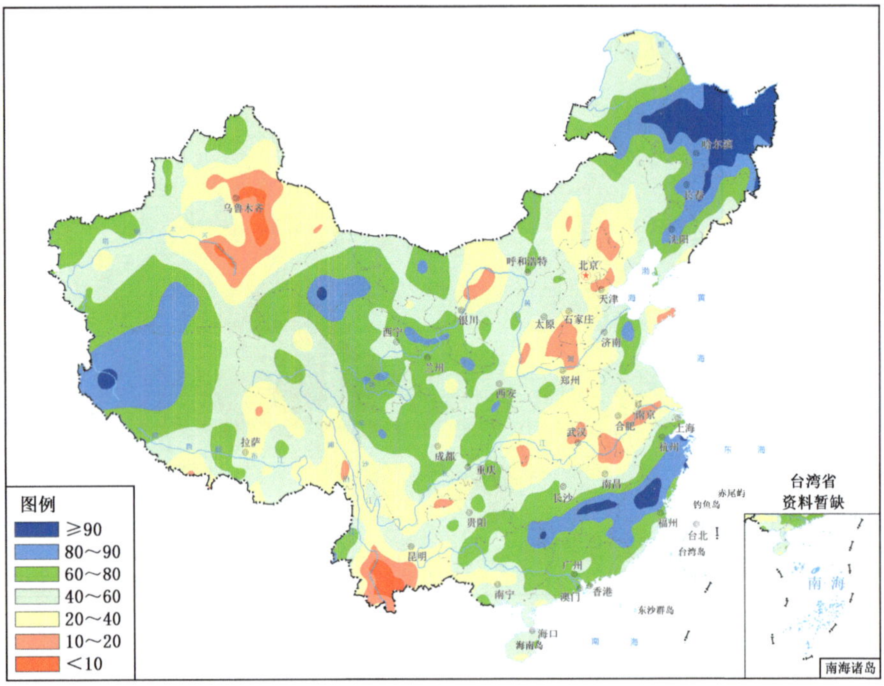

图 2.3.1　2019 年夏季全国降水量百分位数分布图(单位:%)

从月降水量距平百分率分析，4 月广东中部，6 月黑龙江北部、河南西北部、陕西南部局部，7 月浙江南部、福建西北部、江西中南部、湖南东南部、广西东北部，8 月黑龙江东部、吉林中部、辽宁中北部、山东中部、浙江东北部等地达到了一般洪涝或严重洪涝标准。

从旬降水量分析，4 月中旬广东中部，5 月下旬广东西南部，6 月上旬江西中部，7 月上旬浙江西南部、福建西北部、江西中部、湖南东部、广西东北部，8 月上旬浙江东部、广东西南部、广西南部，8 月中旬吉林南部、辽宁北部、山东中北部，9 月上旬海南东部等地达到一般洪涝或严重洪涝标准。

综合上述各项指标，2019 年我国暴雨洪涝主要发生在黑龙江北部、吉林中部、辽宁中北部、山东中部、浙江东部、福建北部、江西南部、湖南东南部、广西东北部等地。

2. 极端降水

2019 年，全国共出现暴雨（日降水量≥50.0 毫米）6354 站日，比常年偏多 6.4%（图 2.3.2）。浙江、福建、广东大部、江西南部、湖南东南部、广西西部和东北部、海南、四川东部局地暴雨日数在 5 天以上，其中福建北部、江西中部、广东中南部、广西东北部、海南东部等地有 7～10 天，局地 10 天以上。全国大部暴雨日数接近常年，黑龙江东北部、浙江东部、福建北部、江西中部、湖南南部等地的局地偏多 3～5 天。

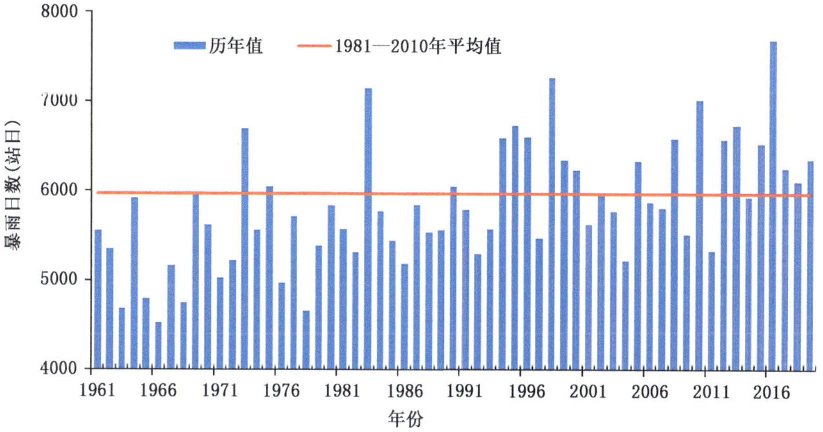

图 2.3.2 1961—2019 年全国年暴雨日数历年变化

年内，全国共有 225 站日降水量达到极端事件监测标准，山东、浙江等地有 54 站日降水量突破历史极值（图 2.3.3）。山东临朐（386.7 毫米）、青州（353.9 毫米）、广饶（347.8 毫米）、博山（300.0 毫米）及贵州开阳（312.9 毫米）日降水量超过 300 毫米；全国共 49 站连续降水量突破历史极值，主要分布在黑龙江、吉林、辽宁、湖南、山东、内蒙古等地，其中湖南攸县（585.6 毫米）和茶陵（538.6 毫米）、山东临朐（529.4 毫米）连续降水量超过 500 毫米。

3. 雨涝气候指数

雨涝气候指数是根据日降水量等级与强降水日数的非线性关系计算得到。2019 年雨涝气候指数为 5.4，较常年（4.4）偏大，雨涝形势较常年略偏强（图 2.3.4）。

二、主要事件及影响

1. 夏季全国共出现 18 次暴雨过程，部分地区洪涝灾害严重

夏季，全国未发生大范围流域性暴雨洪涝灾害，共出现 18 次暴雨过程，频繁降水造成多地江河水位上涨，农田渍涝、城市内涝严重。

6—7 月，江南、华南大范围降水区域叠加，灾情较重。

6 月 6—13 日，湖南中南部、江西、浙江南部、福建、贵州、广西北部、广东中东部等地累计降雨量普遍有 100～350 毫米，其中广西桂林最大雨量 832 毫米，江西吉安 758 毫米；7 月 3—10 日，长江以南大部地区再次出现强降雨过程，浙江西南部、福建北部、江西中部、湖南东南部

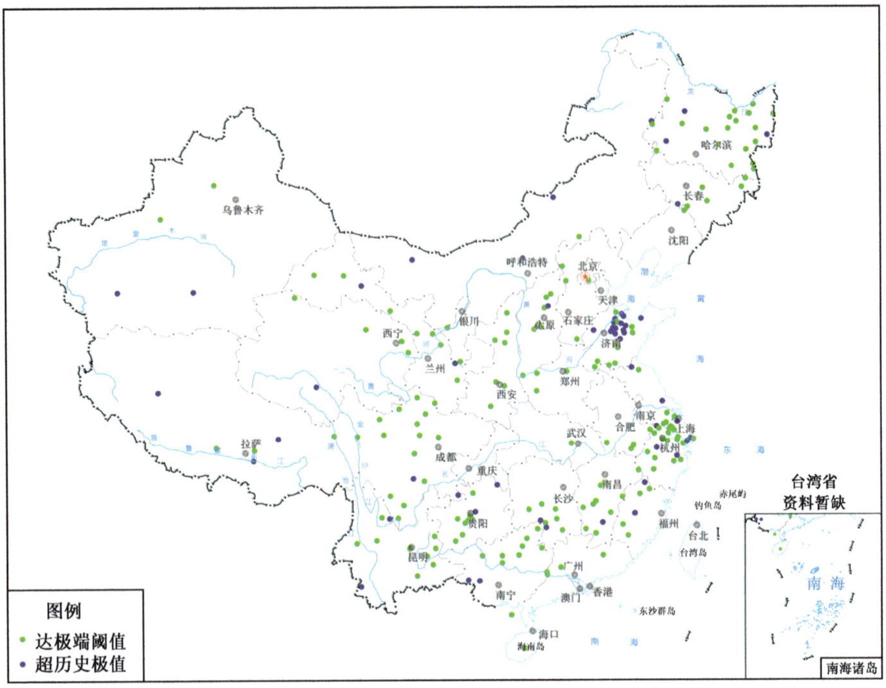

图 2.3.3　2019 年全国极端日降水量事件站点分布图

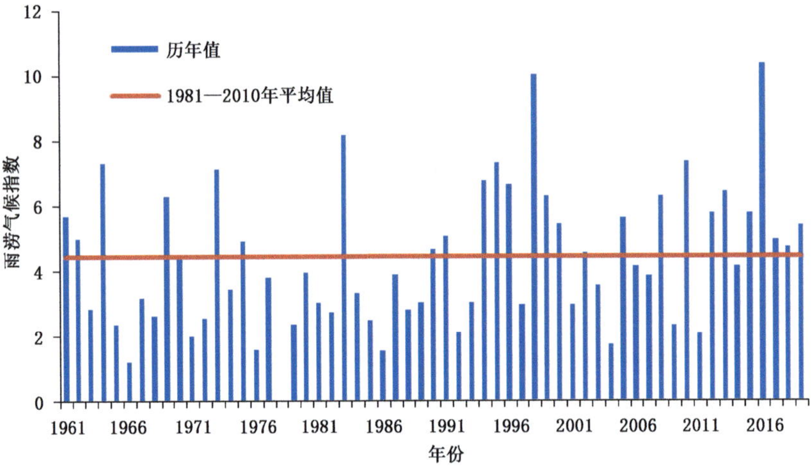

图 2.3.4　1961—2019 年全国雨涝气候指数历年变化

等地降水量有 250～400 毫米，江西萍乡（497.3 毫米）、峡江（461.4 毫米）和湖南耒阳（396 毫米）、衡东（348.4 毫米）4 站连续降水量突破历史极值。强降雨及其叠加效应造成浙江、福建、江西、湖南、广东、广西、重庆、贵州等地遭受洪涝及滑坡、泥石流等灾害。

连续强降水致贵州水城发生 7.23 特大山体滑坡。7 月 1—23 日，贵州省六盘水市水城县鸡场镇坪地村累计雨量 288.9 毫米，其中 19 日（49.0 毫米）、20 日（37.1 毫米）和 23 日（98.0 毫米）出现三次强降雨，连续强降雨导致土壤含水量饱和，致使该地 7 月 23 日 21 时 20 分发生特大滑坡灾害，造成近 1600 人受灾，52 人死亡失踪，700 余人紧急转移安置，直接经济损失 1.9 亿元。

8 月中下旬四川盆地西部出现强降雨过程。

8 月 19—22 日，四川盆地西部出现强降雨过程，累计降水量普遍在 50～250 毫米，局地超过 300 毫米。有 20 站次的日降水量超 50 毫米，其中最大出现在都江堰(155.9 毫米)；最大过程降水量出现在芦山县，达 316.3 毫米。强降水导致汶川等地出现山体滑坡和泥石流等灾害，造成阿坝、雅安、乐山等 9 市(自治州)35 县(市、区)44.6 万人受灾，45 人死亡失踪，农作物受灾面积 1.5 万公顷，直接经济损失 158.9 亿元。

2. 华西秋雨开始早结束晚，雨量大、雨日多

2019 年华西秋雨开始偏早 4 天，结束偏晚 29 天。秋雨期间，华西大部地区降水量较常年同期偏多 2～5 成，部分地区偏多 5 成以上；降水日数较常年同期偏多，其中陕西南部、四川中部、重庆西北部等地偏多 8～12 天，局地偏多 12 天以上(图 2.3.5)。

受强降雨影响，陕西、四川、重庆、贵州、甘肃等地部分河流水位上涨，农田被淹，城镇出现严重内涝，局地还遭受滑坡、泥石流等灾害，造成人员伤亡和财产损失，其中四川、重庆灾害影响重。

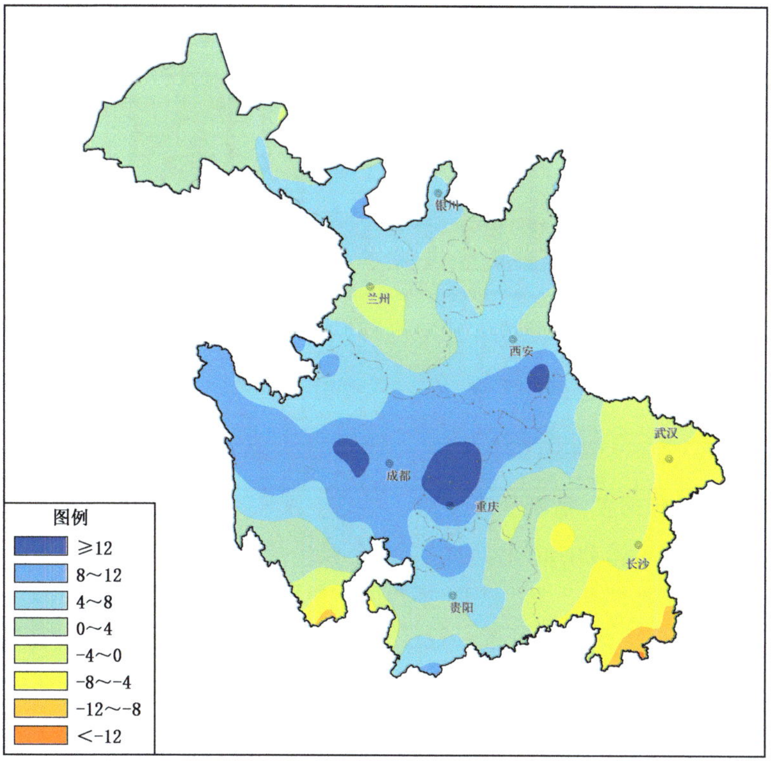

图 2.3.5　2019 年华西地区秋雨期(8 月 27 日至 11 月 30 日)降水日数距平分布图(单位：天)

第四节 台风及其影响

2019 年，西北太平洋和南海上共有 29 个台风(中心附近最大风力≥8 级)生成，生成个数较常年 (25.5 个)平均值偏多 3.5 个。其中 1904 号“木恩”(Mun)、1907 号“韦帕”(Wipha)、1909 号“利奇马”(Lekima)、1911 号“白鹿”(Bailu)、1914 号“剑鱼”(Kajiki)、1918 号“米娜”(Mitag)共 6 个台风先后在我国登陆，登陆个数较常年 (7.2 个) 偏少 1.2 个。

2019 年，影响我国的台风共造成 70 人死亡、4 人失踪，直接经济损失 588.7 亿元；与 1990—2018 年平均值相比，台风造成的直接经济损失偏多，死亡人数明显减少；影响较大的台风是“利奇马”，受灾较重的地区是浙江。2019 年，台风年灾害影响综合评估指数(当年各台风 CIDT 之和)为 15.6，较 2000—2018 年平均值(26.8)偏低 11.2(图 2.4.1)，因此，2019 年为台风灾害损失偏轻年份。

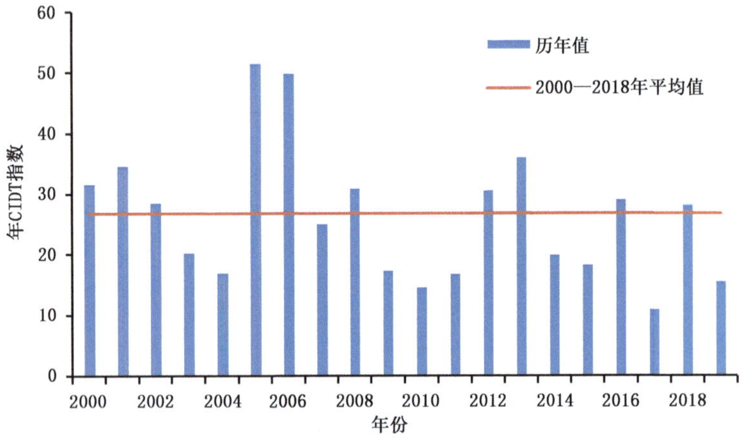

图 2.4.1 台风年灾害影响综合评估指数历年变化

一、基本特征

1. 生成个数较常年偏多，活跃程度一般

2019 年，在西北太平洋和南海上共有 29 个台风生成(表 2.4.1 和图 2.4.2)，生成个数较常年 (25.5 个)平均值偏多 3.5 个。2019 年台风累积气旋能量指数(Bell et al.，2000)为 6.1 $\times 10^5$，接近于常年同期，台风活跃程度一般(图 2.4.3)。

表 2.4.1 在西北太平洋和南海上 2019 年和常年各月及全年台风生成个数

时间	1月	2月	3月	4月	5月	6月	7月	8月	9月	10月	11月	12月	全年
2019 年生成个数	1	1	0	0	0	1	4	5	6	4	6	1	29
常年生成个数*	0.33	0.10	0.30	0.60	1.03	1.70	3.70	5.80	4.87	3.60	2.33	1.13	25.5

* 为 1981—2010 年 30 年平均值。

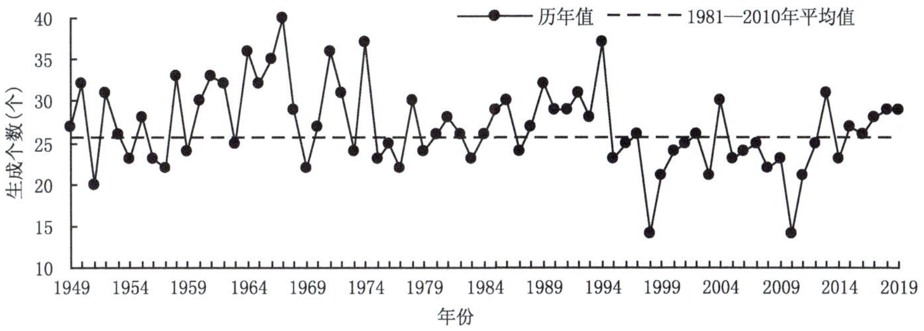

图 2.4.2　1949—2019 年在西北太平洋和南海上台风生成个数历年变化

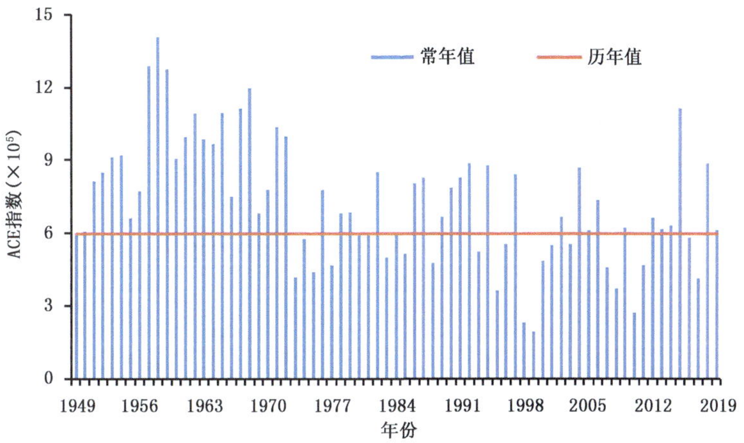

图 2.4.3　1949—2019 年台风累积气旋能量指数(ACE)历年变化

2. 起编时间早、停编时间晚

2019 年,最早开始编号的是 1901 号台风“帕布”(Pabuk),其起编时间为 1 月 1 日,较常年(3 月 20 日)偏早 78 天,比 2018 年最早起编时间(1 月 3 日)偏早 2 天。

2019 年,最晚停止编号的是 1929 号台风“巴蓬”(Phanfone),其停编时间为 2019 年 12 月 28 日,较常年(12 月 15 日)偏晚 13 天。比 2018 年最晚停编时间(2018 年 11 月 26 日)偏晚 32 天。

3. 登陆个数较常年偏少

2019 年共有 6 个台风(登陆时中心附近最大风力≥8 级)在我国沿海登陆(表 2.4.2 和图 2.4.4),登陆个数较常年(平均 7.2 个)偏少 1.2 个,较 2018 年登陆个数偏少 4 个。台风登陆比例为 20.7%,较常年值(28.7%)偏低 8%(图 2.4.5)。2019 年我国热带气旋年潜在影响力指数(尹宜舟等,2013)为 266,较常年偏低 39,总体上台风对我国的潜在影响程度较低(图 2.4.6)。

表 2.4.2　2019 年和常年 4—12 月在我国登陆台风个数

时间	4 月	5 月	6 月	7 月	8 月	9 月	10 月	11 月	12 月	总计
2019 年登陆个数	0	0	0	1	3	1	1	0	0	6
常年登陆个数*	0.03	0.07	0.63	2.00	1.93	1.77	0.53	0.13	0.03	7.2

* 为 1981—2010 年 30 年平均值。

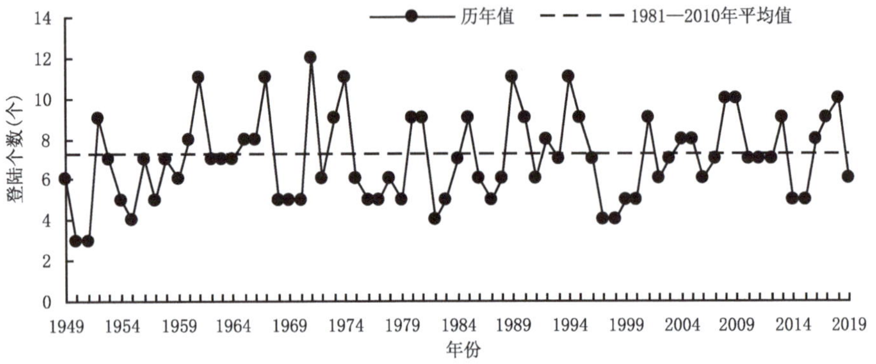

图 2.4.4　1949—2019 年在我国登陆台风个数历年变化

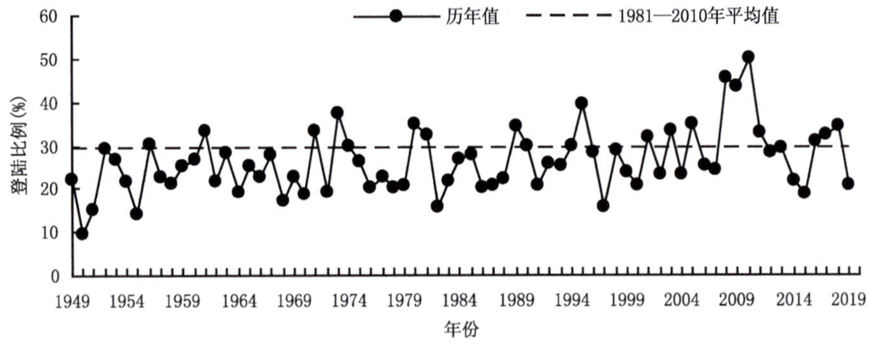

图 2.4.5　1949—2019 年台风在我国登陆比例历年变化

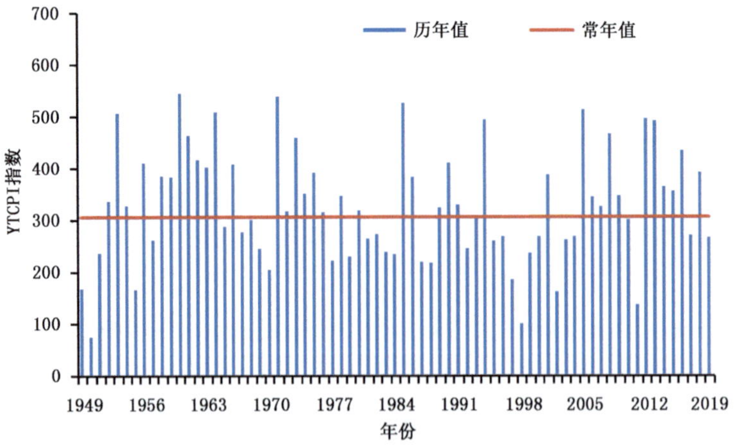

图 2.4.6　1949—2019 年我国热带气旋年潜在影响力指数(YTCPI)历年变化

4. 初台登陆时间均较常年偏晚、末台偏早

2019 年第一个在我国登陆的台风是 1904 号“木恩”(Mun)，其登陆时间为 7 月 3 日，较常年初台登陆时间(平均为 6 月 25 日)偏晚 8 天。最后一个在我国登陆的台风是 1918 号“米娜”(Mitag)，其登陆时间为 10 月 1 日，比常年末台登陆时间(平均为 10 月 6 日)偏早 5 天。

5. 秋季台风生成个数显著偏多

2019 年秋季(9—11 月)，西北太平洋和南海共生成 16 个台风，占 2019 年台风总生成数的 55%，比常年同期(10.8 个)偏多 5.2 个；其中 11 月生成 6 个，为 1949 年以来同期最多(与 1991 年 11 月并列)。

6. 台风登陆强度总体偏弱

登陆我国的 6 个台风中，除“利奇马”登陆时达超强台风级别外，余下的有 4 个均不超过台风级别(为热带风暴或强热带风暴级)。

二、影响评价

2019 年，影响我国的台风带来了大量降水，对缓解南方部分地区的夏伏旱和高温天气以及增加水库蓄水等十分有利，但由于登陆或影响时间集中，部分地区降水强度大、风力强，造成了一定的人员伤亡和经济损失。2019 年台风气候指数为 4.7，接近于常年值(4.5)，总体上表明 2019 年我国台风危害程度一般(图 2.4.7)。

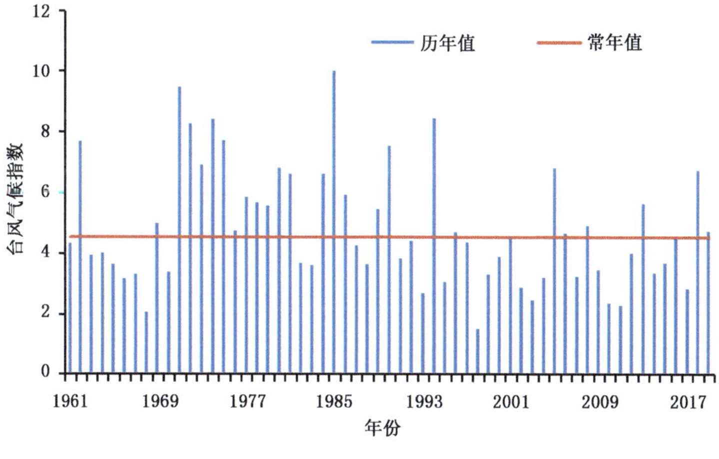

图 2.4.7 1961—2019 年全国台风气候指数历年变化

据统计，2019 年全国共有 15 个省(区、市)受到台风的影响，受灾人口近 1659.2 万人次，造成 70 人死亡、4 人失踪，农作物受灾面积 1924.4 万公顷，直接经济损失 588.7 亿元(表 2.4.3)。其中死亡人数少于 1990—2018 年平均水平，但直接经济损失偏多。造成损失较重的主要是“利奇马”。总体而言，2019 年台风造成直接经济损失与近 10 年的平均值持平。

表 2.4.3　2019 年全国台风主要灾情统计表

国内编号及中英文名称	登陆时间（月.日）	登陆地点	最大风力(级)（风速，米/秒）	受灾地区	受灾人口（万人）	死亡人口（人）	失踪人口（人）	转移安置（万人）	倒塌房屋（万间）	受灾面积（万公顷）	直接经济损失（亿元）
1904“韦伯”（Wipha）	8.1 8.1 8.2	海南文昌 广东湛江 广西防城港	9(23) 9(23) 9(23)	广西	22.0			0.4	0.02	2.5	2.3
				广东	13.2			1.4	0.01	5.7	1.3
				海南	8.1			1.0		0.1	0.5
1909“利奇马”（Lekima）	8.10 8.11 8.12	浙江温岭 山东青岛 山东昌邑	16(52) 9(23) 9(23)	浙江	757.7	46	2	136.2	0.60	25.8	385.4
				山东	502.6	12		41.3	0.70	64.3	90.1
				安徽	19.5	6	3	2.3	0.20	2.4	32.9
				江苏	53.3	1		1.1		15.5	4.7
				辽宁	36.5			13.0		2.5	0.8
				河北	15.0					1.7	0.8
				上海	15.0			15.0		0.3	0.4
				吉林	2.2			0.2		1.2	0.2
				福建	0.6			0.6			
1911“白鹿”（Bailu）	8.24 8.25	台湾屏东 福建东山	11(30) 9(23)	广西	7.5			0.3	0.04	0.2	1.0
				广东	6.6			0.2	0.02	0.2	1.6
				湖南	1.9						0.2
				福建	6.0			5.5			0.1
				江西	0.1						
1913“玲玲”（Lingling）				黑龙江	68.3			0.1		53.5	24.1
				吉林	37.5			0.1		11.2	5.2
				浙江	1.6			0.2		0.3	4.8
1914“剑雨”（Kajiki）	9.2	海南万宁	8(18)	海南	2.0			0.8		0.2	0.2
1918“米娜”（Mitag）	10.1	浙江舟山	12(33)	浙江	81.5	4		27.1		4.3	31.4
				上海	0.5			0.1		0.5	0.7
全年合计					1659.2	69	5	246.9	1.59	192.4	588.7

2019 年第 9 号台风“利奇马”(Lekima)8 月 4 日下午在西北太平洋洋面生成，7 日 23 时加强为超强台风，10 日 1 时 45 分前后在浙江省温岭市沿海登陆，登陆时中心附近最大风力 16 级(52 米/秒，超强台风级)，中心最低气压 930 百帕，为新中国成立以来登陆浙江省第三个超强台风，登陆强度仅次于 0608 号台风“桑美”和 5612 号台风，历史排位第三。登陆后经过浙江、江苏两省及黄海海域后，于 11 日 20 时 50 分“利奇马”在山东省青岛市黄岛区沿海第二次登陆，登陆时中心附近最大风力 9 级(23 米/秒)，中心最低气压为 980 百帕。12 日 04 时之后在莱州湾附近回旋，12 日 11 时在山东昌邑第三次登陆，登陆时中心附近最大风力 9 级(23 米/秒)，中心最低气压为 984 百帕，至 13 日 08 时在渤海东部海面减弱为热带低压。之后风力进一步减弱，中央气象台 14 时对其停止编号。

受“利奇马”和冷空气的共同影响，8 月 8—13 日，江南东部、江淮东部、黄淮大部、华北东部、东北地区东部部分地区等地累计降水量一般有 50～100 毫米，浙江东部和北部、江苏北部和南部的部分地区、山东大部、辽宁中部和南部及上海等地普遍在 100 毫米以上。其中，浙江的温岭、北仑以及山东的昌乐、临朐、青州等地累计降水量超过 400 毫米。

8 日以来，浙江东部和北部、福建北部沿海、上海、江苏东北部和中南部沿海、安徽东北部、山东北部和半岛、河北东部、辽宁南部等地出现 8～11 级阵风，浙江东部沿海岛屿、山东青岛和泰安局地有 12～15 级，温岭石塘镇三蒜岛（61.4 米/秒）、椒江区南岙村（60.3 米/秒）、温岭北港（57.8 米/秒）等地风速达到或超过 17 级。

台风“利奇马”影响范围广，自登陆后一直北上，先后影响浙江、福建、江苏、上海、安徽、山东、河南、河北、天津、辽宁、吉林等省（市）。国家气候中心台风风险评估模型分析显示，中等及以上台风灾害风险覆盖面积达 24.8 万平方千米。据民政部统计，台风“利奇马”共造成河北、辽宁、吉林、上海、江苏、浙江、安徽、福建、山东 9 省（市）1402.4 万人受灾，70 人死亡失踪，紧急转移安置 209.7 万人，直接经济损失 515.3 亿元。

第五节　冰雹与龙卷风及其影响

2019 年全国共有 30 个省（区、市）、1567 个县（市）次出现冰雹，16 个县（市）次出现龙卷风，降雹次数比 2001—2018 年平均值（1610 个县次）略偏少。受冰雹、龙卷风等强对流天气影响，全国累计 1027 万人次受灾，88 人死亡，4 人失踪；3000 间房屋倒塌，19.0 万间房屋不同程度损坏；农作物受灾面积 222.8 万公顷，其中绝收面积 17.1 万公顷；直接经济损失 183.4 亿元。与 2001—2018 年平均值相比，2019 年全国因强对流天气造成的受灾面积和经济损失均明显偏少，死亡人数减少。其中江西、内蒙古、辽宁、河北、新疆、甘肃、山东等省（区）灾情较为突出。

、基本特征

1. 冰雹

（1）降雹次数偏多。2019 年，全国 30 个省（区、市）遭受冰雹袭击。据统计，共有 1567 个县（市）次出现冰雹，降雹次数比 2001—2018 年平均值（1610 个县次）略少。

（2）初雹、终雹时间均偏晚。2019 年，全国最早一次冰雹天气出现在 2 月 17 日（云南、贵州部分地区），初雹时间较常年（平均出现在 2 月上旬）略偏晚；最晚一次冰雹天气出现在 12 月 29 日（云南省西双版纳傣族自治州勐腊县），终雹时间较常年（平均出现在 11 月中旬）明显偏晚。

（3）降雹主要集中在春季和夏季。从降雹的季节分布来看，2019 年夏季出现冰雹最多，共有 900 个县（市）次，占全年降雹总次数的 57.4%；春季降雹次多，共有 539 个县次，占全年的 34.4%；春、夏两季共有 1439 个县次降雹，占全年的 91.8%。秋季共有 76 个县次降雹，占全年的 4.9%；冬季只有 52 个县次降雹，仅占全年的 3.3%。

从各月降雹情况看，2019 年 7 月最多，共 454 个县（市）次降雹，占全年的 29.0%；4 月次多，325 个县次降雹，占全年的 20.7%；6 月、8 月、5 月分居第三、第四、第五位，分别有 239 个县次、207 个县次、128 个县次降雹，各占全年的 15.3%、13.2%、8.2%。

(4)华北、西南、西北等地降雹较多。2019 年,我国降雹较多的是华北、西南、西北等地。从各省(区、市)分布来看,内蒙古最多,降雹 162 县(市)次;云南次多,降雹 142 县次;贵州居第三位,降雹 105 县次;黑龙江居第四位,降雹 97 县次,河北(92 县次)、新疆(82 县次)、甘肃(75 县次)、湖北(71 县次)、广西(70 县次)、江西(68 县次)、山东(67 县次)、山西(66 县次)、河南(66 县次)、吉林(61 县次)省(区)降雹均超过 60 县次,局部受灾较重。

2. 龙卷风

(1)发生次数明显偏少。2019 年,全国有 8 个省(区)16 个县(市、区)发生了龙卷风(表 2.5.1),龙卷风出现次数较 2001—2018 年平均次数(每年 54 个县次)明显偏少。

(2)主要发生在夏季。从 2019 年龙卷风的季节分布来看,夏季最多,出现龙卷风 9 县次,占全年总数的 56.3%;春季出现 4 县次,占全年的 25.0%;秋季出现 2 县次,占全年的 12.5%;冬季出现 1 县次,占全年的 6.3%。从月际分布来看,8 月龙卷风最多,发生 5 县次,占全年的 31.3%;4 月、5 月、6 月、7 月各发生 2 县次,各占全年的 12.5%;2 月、9 月、10 月各发生 1 县次,各占全年的 6.3%;其他月份未发生龙卷风。

表 2.5.1 2019 年龙卷风简表

发生时间(月.日)	发生地点	发生时间(月.日)	发生地点
2.18	海南省海口市美兰区	7.2	海南省昌江黎族自治县
4.13	广东省湛江市徐闻县	7.3	辽宁省铁岭市开原市
4.19	海南省定安县	8.16	辽宁省营口市老边区
5.17	内蒙古自治区赤峰市敖汉旗	8.28	山东省威海市文登区
5.21	海南省海口市秀英区	8.29	海南省屯昌县、儋州市、白沙黎族自治县
6.17	河北省张家口市尚义县	9.17	广西壮族自治区北海市银海区
6.18	黑龙江省黑河市爱辉区	10.5	海南省儋州市

(3)海南发生最多。从 2019 年龙卷风发生的地区分布来看,海南最多,发生 8 县次,占全国龙卷风总数的 50.0%;辽宁次之,发生 2 县次,占全国龙卷风总数的 12.5%;广东、广西、河北、黑龙江、山东、内蒙古各有 1 个县次,分别占全国龙卷风总数的 6.3%;全国其他地区未发生龙卷风。

二、灾情特征

1. 全国灾情

2019 年,全国因冰雹与龙卷风等强对流天气灾害共造成 1027 万人次受灾,88 人死亡,4 人失踪;3000 间房屋倒塌,19.0 万间房屋不同程度损坏;农作物受灾面积 222.8 万公顷,其中绝收面积 17.1 万公顷;直接经济损失 183.4 亿元。2019 年全国强对流天气造成的直接经济损失较 2007—2018 年平均值(313.4 亿元)明显偏少,绝收面积、受灾人口、死亡人口均为 2007 年以来最少,其他灾情指标均比 2007—2018 年平均值偏少,特别是受灾面积和直接经济损失为 2007 年以来第二少(图 2.5.1)。

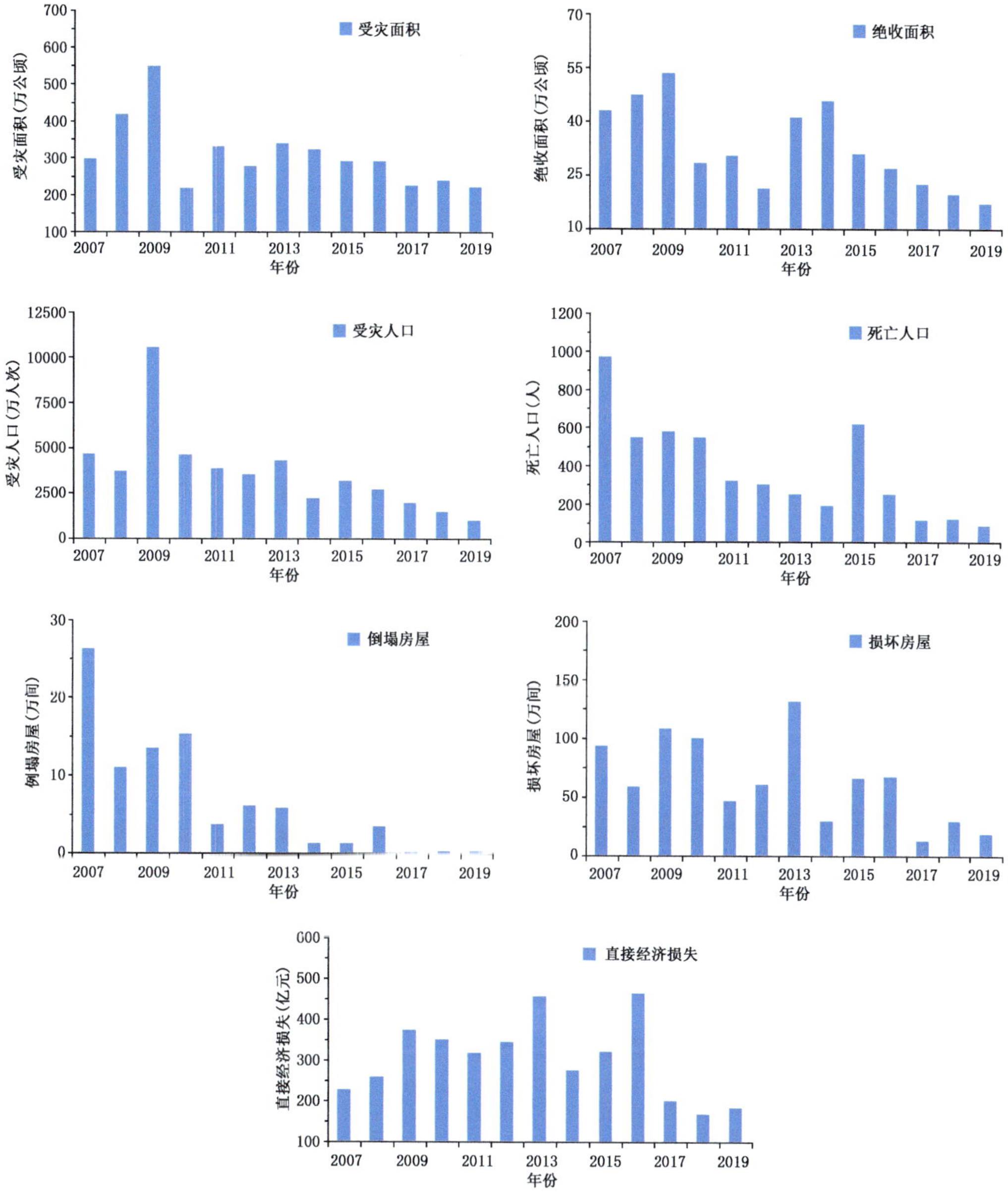

图 2.5.1 全国冰雹与龙卷风等强对流天气灾情指标

2. 各省(区、市)灾情

从2019年各省(区、市)灾情来看(图2.5.2),2019年因冰雹与龙卷风等强对流天气灾害受灾面积较大的省(区)为内蒙古、新疆、黑龙江,分别为49.8万公顷、34.2万公顷、22.4万公顷;绝收面积较大的省(区)为内蒙古、新疆、山东,分别为2.7万公顷、2.2万公顷、1.9万公顷;受灾人口较多的省份为山东、河北、河南,分别为121.9万人、103.7万人、89.7万人;死亡人口较多的省份为江西、江苏、海南,分别为16人、8人、8人;倒塌房屋较多的省份为江西、湖南、湖北,分别为0.1万间、0.1万间、0.1万间;损坏房屋较多的省份为江苏、湖北、云南,分别为

2.9 万间、2.8 万间、2.4 万间；直接经济损失较大的省（区）为新疆、内蒙古、辽宁，分别为 26.5 亿元、17.5 亿元、13.1 亿元。

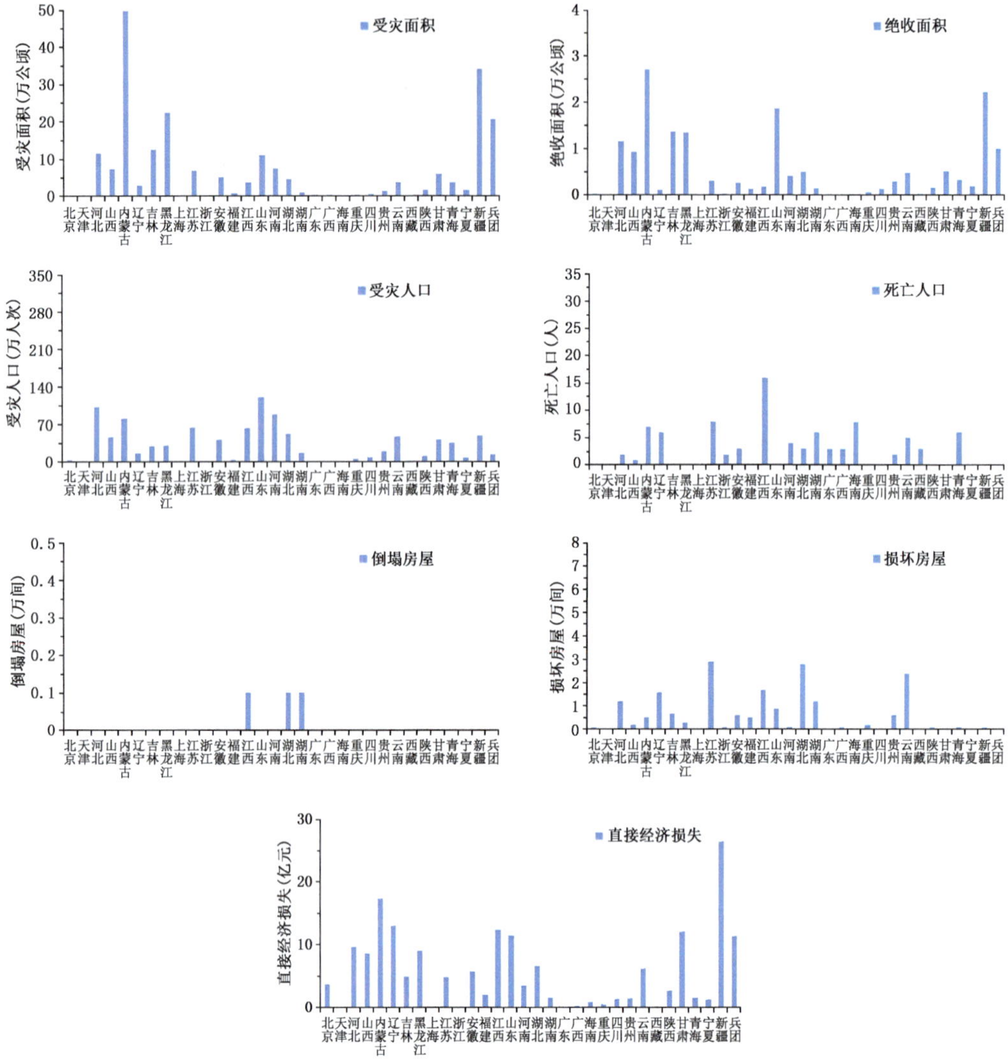

图 2.5.2　2019 年各省(区、市)冰雹与龙卷风等强对流天气灾情指标

考虑受灾面积、绝收面积、受灾人口、死亡人口、倒塌房屋、损坏房屋、直接经济损失 7 种灾情指标，定义各省(区、市)灾情综合指数为各省(区、市)各灾情指标占全国比重(单位取%)之和。2019 年的计算结果如图 2.5.3 所示，可以看出，受灾最为严重的省份为湖北，之后依次为江西、内蒙古，综合灾情指数分别为 118.5、101.6、69.3。江西死亡人口占全国比重最大，为 18.2%；江西、湖北、湖南倒塌房屋数占全国比重分别均为 33.3%。另外内蒙古、新疆两自治区受灾也较为严重，两自治区绝收面积占全国比重较大。

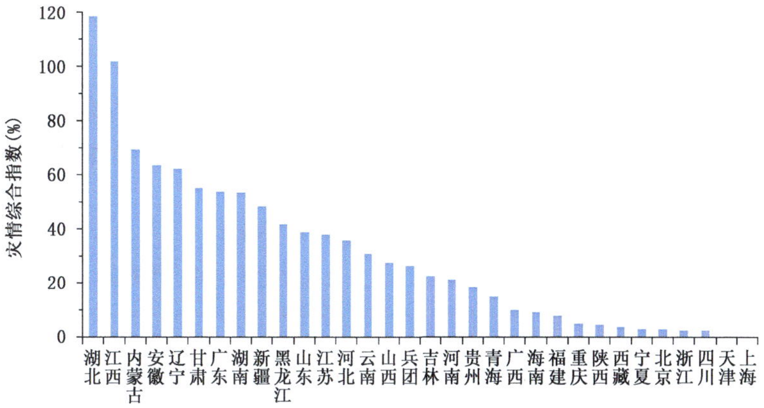

图 2.5.3 2019 年各省(区、市)冰雹与龙卷风等强对流天气灾情综合指数

三、主要事件及影响

2019 年全国主要冰雹与龙卷风事件见附录 B。

第六节 低温冷冻和雪灾及其影响

2019 年,全国低温冷冻和雪灾共造成农业受灾面积 585.7 万公顷,绝收面积 36.2 万公顷,直接经济损失 27.7 亿元。与近 10 年平均值(180.7 亿元)相比,经济损失显著偏轻,属低温冷冻及雪灾偏轻年份。

一、基本特征

2019 年,全国平均霜冻日数(日最低气温≤2℃)112.6 天,较常年偏少 9.6 天,为 1961 年以来最少(图 2.6.1)。

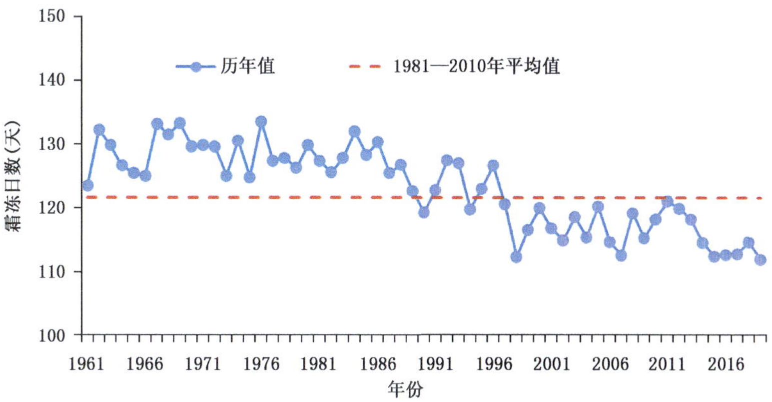

图 2.6.1 1961—2019 年全国平均霜冻日数历年变化图

2019 年,全国平均降雪日数为 13.7 天,比常年偏少 12.5 天,为 1961 年以来第四少(图

2.6.2)。2019 年全国降雪日数分布图(图 2.6.3)显示，青藏高原中东部大部地区至四川西北部、新疆北部和西部局部、内蒙古东部、东北东部和北部等地降雪日数在 30～60 天，其中高原东部部分地区、四川西北部局部地区和新疆西部局部地区在 60 天以上。与常年相比，全国大部地区降雪日数偏少，新疆北部和西部、西藏大部、四川西北部、内蒙古东北部、黑龙江大部和吉林东部部分地区等地区偏少 20～50 天，新疆西部和内蒙古东北部局地偏少 50 天以上。

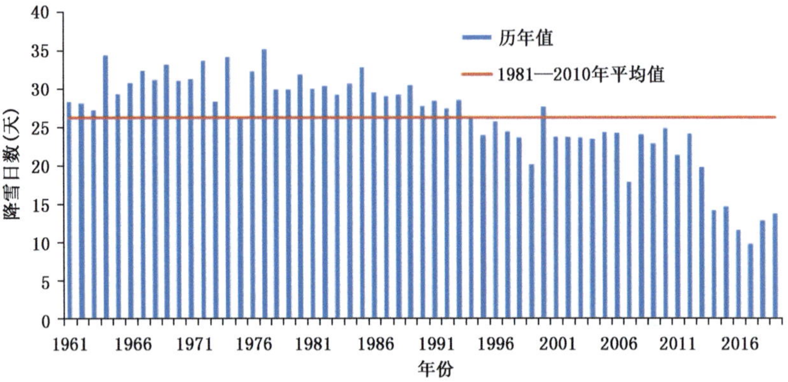

图 2.6.2　1961—2019 年全国平均年降雪日数历年变化

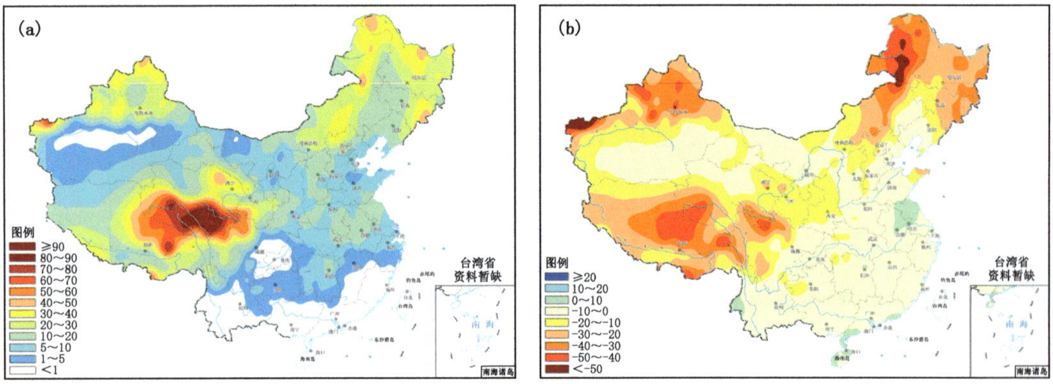

图 2.6.3　2019 年全国降雪日数(a)及距平(b)分布图(单位:天)

二、低温冷冻和雪灾主要事件及其影响

2019 年我国主要低温冷冻和雪灾事件有:(1)年初青海雪灾频发;(2)1 月南方多地遭受低温冷冻和雪灾;(3)2 月中旬北方出现大范围降雪，多地遭受低温冷冻灾害;(4)1—2 月南方出现罕见低温阴雨天气;(5) 12 月云南遭受低温冷冻灾害。

1. 年初青海雪灾频发

2019 年初，青海省玉树州、海西州、海北州和果洛州等地多次出现大范围持续降雪天气。其中玉树州连续出现 12 次明显降雪过程，降雪量、强降雪天数为历史同期最多。2 月，玉树州共出现 4 次明显降雪过程(2—3 日、9—10 日、19—20 日、25—28 日)，2 月 4—6 日，果洛州玛多最大积雪深度达 22 厘米，2 月 9 日玉树州杂多最大积雪深度达 19 厘米。持续降雪引发雪灾，造成果洛、玉树、海西 3 自治州 13 县 20.7 万人受灾，5.3 万头(只)牲畜死亡，直接经济损失 2.1 亿元。

2. 1 月南方多地遭受低温冷冻和雪灾

1 月共有 4 次冷空气过程和 3 次大范围雨雪过程影响我国。4 次冷空气次数高于常年同期(3.4 次)，分别发生在 15—17 日、20—22 日、26—27 日和 1 月 31 至 2 月 1 日，其中 15—17 日最大降温幅度 10℃以上主要在东北、西藏东南部、四川北部；20—22 日最大降温幅度 10℃以上主要在新疆东南部、甘肃、青海东南部；1 月 31 至 2 月 1 日最大降温幅度 10℃以上主要在东北北部、陕西中南部、山西中南部和四川西部。受冷空气影响，月内新疆西北部、青海、西藏西南部、云南东部、湖北南部、安徽南部、江苏南部、浙江北部、湖南中部等地累计降雪量达到 10～25 毫米，局部地区超过 50 毫米，其中湖南绥宁站达 51.7 毫米。1 月 3 次较大范围的连续雨雪过程是 4—5 日、8—11 日和 28—31 日。4—5 日的降水主要发生在江南南部；8—11 日的降水主要发生在江南南部和西南南部；28—31 日，黄淮、江淮等地出现强雨雪天气，31 日早晨，河南中南部、江苏中北部、安徽中北部等地积雪深度有 4～10 厘米。

1 月，受 4 次冷空气和 3 次较大范围的连续雨雪过程影响，云南东部、湖北南部、安徽南部、江苏南部、浙江北部、湖南中部等地累计降雪量达到 5～25 毫米，局部地区超过 50 毫米，其中湖南绥宁站达 51.7 毫米。强冷空气引发的低温冷冻和雪灾造成江西、湖北、湖南、广东、广西、贵州、云南 7 省(区)38 市(州)164 个县(市、区)222.3 万人受灾，1.3 万人紧急转移安置，6 万人需紧急生活救助；100 余间房屋倒塌，1800 余间房屋不同程度损坏；农作物受灾面积 202.9 千公顷，其中绝收面积 7.2 千公顷；直接经济损失 17.3 亿元。

3. 2 月中旬北方出现大范围降雪，多地遭受低温冷冻

2 月，共有 4—5 日、7—11 日和 15—16 日 3 次冷空气过程影响我国，其中 7—11 日的冷空气过程持续时间长、影响范围大，最大降温幅度 10℃以上地区主要在新疆北部、陕西北部、华北西北部、江南、华南及贵州等地，其中江南南部、华南大部及贵州南部最大降温幅度超过 14℃。受此次冷空气影响，2 月 8 日江苏淮河以南地区出现大到暴雪，2 月 8—9 日青海出现大到暴雪。2 月 13—14 日，北方地区出现 2018/2019 年冬季范围最大的降雪过程。华北、黄淮、内蒙古中东部出现 1～6 厘米积雪，北京怀柔、河南焦作等地最大积雪深度达 10～13 厘米。北京、天津、河北、山西、内蒙古、河南、山东、辽宁、吉林等地降雪面积达 148 万平方千米。受冷空气过程影响，江苏、湖北、湖南、青海、西藏局地遭受低温冷冻或雪灾，其中湖南受灾最重，低温冷冻灾害造成湖南 16.7 万人受灾；农作物受灾面积 15.7 万公顷，其中绝收面积 2.1 千公顷；直接经济损失 1.6 亿元。

4. 1—2 月南方出现罕见低温阴雨天气

1—2 月，江南中西部、江汉、华南北部及贵州东部等地气温偏低，其中湖北南部、湖南北部等地偏低 1～2℃；江南东部、华南西部等地降水量较常年同期普遍偏多 5 成至 1 倍，浙江、江西降水量均为 1961 年以来同期次多；江淮南部、江南、华南北部及贵州东南部降水日数较常年同期偏多 8～12 天，日照时数偏少 5 成以上，苏皖鄂浙沪 5 省(市)日照时数均为 1961 年以来历史同期最少。持续阴雨寡照天气对南方部分地区农业、春茶及交通运输、电力供应、人体健康等造成一定影响。

1 月，江南、华南北部和西南地区东部雨日普遍有 12～27 天，较常年偏多 4～7 天，日照偏少 3～8 成，湖南、江西和广西等地上中旬大部时段每日日照不足 1 小时。上述地区自 2018 年

12月以来持续阴雨寡照，部分农田长期排水不畅，出现渍涝，造成油菜根系呼吸受阻，长势较弱；部分设施大棚棚内湿度过大，光照严重不足，造成叶菜类作物出苗率降低、叶片发黄，草莓等坐果减少、甜度降低，甚至出现了灰霉病、白粉病等病害，影响产量及品质。

2月，南方持续低温阴雨寡照天气：江淮西部和中部、江汉、江南西部和中部、广西北部、贵州东部等地气温较常年同期偏低1～4℃；江淮南部、江南大部、华南中东部降水量普遍有50～200毫米，局部超过200毫米；与常年同期相比，江淮南部、江南中部和东部、华南中西部降水偏多2成至1倍，浙江、江西东北部偏多1倍以上。浙江、江西省降水量分别为1961年以来第一多和第二多，江淮南部、江汉东南部、江南、华南北部及贵州中部和东南部降水日数普遍有16～24天；与常年同期相比，江苏南部、安徽南部、湖北东部、浙江、江西北部和福建东北部等地偏多4～8天，偏多4天以上的国土面积有36.7万平方千米；江淮南部、江汉大部、江南、华南大部及贵州东部、重庆、四川东部等地日照时数普遍少于50小时；与常年同期相比，江淮中南部、江汉、江南大部及广西东北部等地普遍偏少5～8成，局部偏少8成以上。江苏、安徽、浙江、上海、江西、湖北、湖南、福建8省(市)区域平均日照时数只有30.9小时，为1961年以来历史同期最少。低温阴雨寡照天气使江苏、湖南、湖北部分地区遭受低温冷冻或洪涝灾害。2月7—21日，湖北省部分地区遭受低温冷冻灾害，造成宜昌市秭归、夷陵、兴山等5个县(市、区)12.6万人受灾；农作物受灾面积10千公顷，其中绝收面积400余公顷；直接经济损失7500余万元。2月18—19日，湖南省衡阳市常宁市发生洪涝灾害，3100余人受灾，农作物受灾面积100余公顷。

5. 12月云南遭受低温冷冻灾害

12月，共有4次冷空气过程影响我国，分别发生在1—4日、17—19日、26—28日和30—31日。其中，17—19日过程影响范围最大，东北大部、华北北部、江淮东部、江南大部和华南大部等地累计降温幅度达8～16℃，累计降温幅度超过8℃的面积为258.7万平方千米。30—31日为全国性寒潮过程，西北东部、东北东部和南部、华北大部、黄淮和江淮等地降温8～12℃，其中东北地区东南部降温12～16℃，局地降温16℃以上。受冷空气影响，1—14日云南大部地区气温较常年同期偏低1～4℃，全省平均气温为1961年以来历史同期最低值，玉溪、曲靖、文山等9市(州)26个县(市、区)发生低温冷冻灾害，24.4万人受灾，农作物受灾面积17.6千公顷，其中绝收面积3.2千公顷；直接经济损失2.5亿元。

第七节　高温及其影响

2019年，我国共出现5次区域性高温天气过程。夏季，高温覆盖范围广，全国平均高温(日最高气温≥35℃)日数10天，为1961年以来第五多，区域性特征明显。西南地区极端高温事件偏多，山东等地出现阶段性高温，7月下旬至10月上旬江南、华南等地发生大范围持续性高温。持续高温天气导致广西、湖南、江西等地农作物生长受到影响，湖北和重庆等地用电负荷屡创新高。

一、基本特征

1. 夏季高温日数为1961年以来第五多

2019年夏季，全国平均高温(日最高气温≥35℃)日数为10天，比常年同期偏多3.1天

(图 2.7.1)。黄淮、江淮、江汉、江南、华南、西南地区东部和新疆等地高温日数普遍有 15～30 天,部分地区超过 30 天(图 2.7.2(a))。全国大部地区夏季高温日数较常年同期偏多,其中河北东南部、山东中部和西部、河南东北部、湖北大部、湖南、江西大部、福建中西部、广东西北部、广西东北部、海南等地偏多 10 天以上(图 2.7.2(b))。

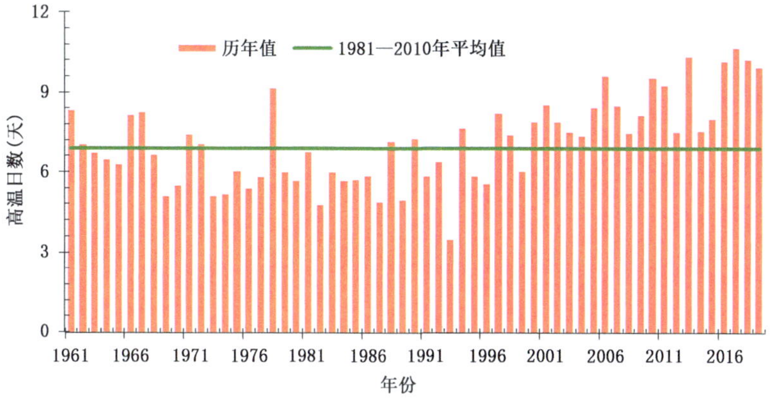

图 2.7.1 1961—2019 年全国夏季高温日数历年变化

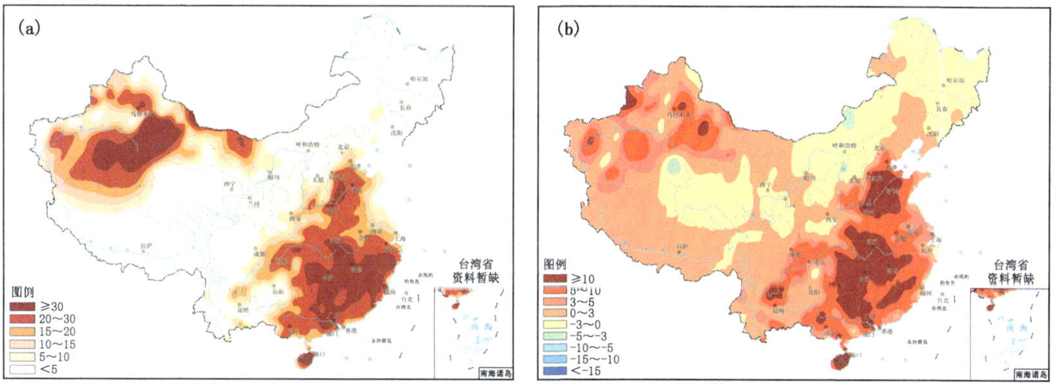

图 2.7.2 2019 年全国夏季高温日数(a)及其距平(b)分布图(单位:天)

2. 云南出现极端高温

4 月中旬至 6 月下旬,云南省平均气温 22.6℃,较常年同期(20.5℃)偏高 2.1℃,为 1961 年以来同期最高;云南大部地区气温较常年同期偏高 2～4℃,中东部偏高 4～6℃。全省平均高温日数 6 天,较常年同期偏多 4 天,为 1961 年以来同期最多;高温极端性强,元江(43.1℃)、景洪(41.3℃)、富宁(40.3℃)等 24 站日最高气温达到或突破历史极值。

3. 山东出现阶段性高温

5 月下旬至 7 月下旬,山东省平均气温 26.4℃,较常年同期(24.7℃)偏高 1.7℃;平均最高气温 32.0℃,较常年同期(29.9℃)偏高 2.1℃;高温日数 18.0 天,较常年同期(6.2 天)偏多 11.8 天,均为 1961 年以来同期最高值。全省有 15 站发生极端高温事件,山东临朐日最高气温达 40.3℃。山东省气象台于 5 月 22 日发布首个高温橙色预警,比 2018 年首个高温橙色预警(6 月 5 日)提前了 15 天。

4. 江南、华南等地发生大范围持续性高温

7 月下旬至 10 月上旬,江南、华南及西南地区东部高温日数为 21.1 天,较常年同期(10.1 天)偏多 11 天,为 1961 年以来同期最多。尤其是 8 月,高温日数多、强度强、影响范围广,江南大部、华南大部、江汉南部、四川盆地东部等地高温日数普遍较常年同期偏多 5～10 天,其中,江西大部、湖南东部、湖北东南部高温日数超过 20 天,较常年同期偏多 10 天以上;鄂川渝湘赣浙闽粤桂 9 省(区、市)平均高温日数 14.2 天(偏多 7.7 天),为 1961 年以来最多,重庆奉节(42.4℃)、湖北宜城(40.0℃)等 7 站日最高气温突破历史极值。

二、主要过程及其影响

2019 年,我国共出现 5 次较大范围的高温天气过程,具体为:6 月 11—15 日、7 月 1—5 日、7 月 16 日至 8 月 29 日、9 月 6—14 日、9 月 30 日至 10 月 5 日。其中 7 月 16 日至 8 月 29 日高温天气过程的强度强、持续时间长、影响最为严重,对全国多地作物生长和用电负荷产生了不利影响。

1. 高温对人体健康的影响

2019 年夏季,我国中东部大部分地区热指数达危险和极端危险的日数在 30 天以上,其中华北东南部、黄淮中南部、江淮、江汉、江南、华南、西南地区东北部及陕西东南部等地有 50～70 天,福建中部和西部、广东大部、广西大部、海南等地超过 70 天(图 2.7.3)。

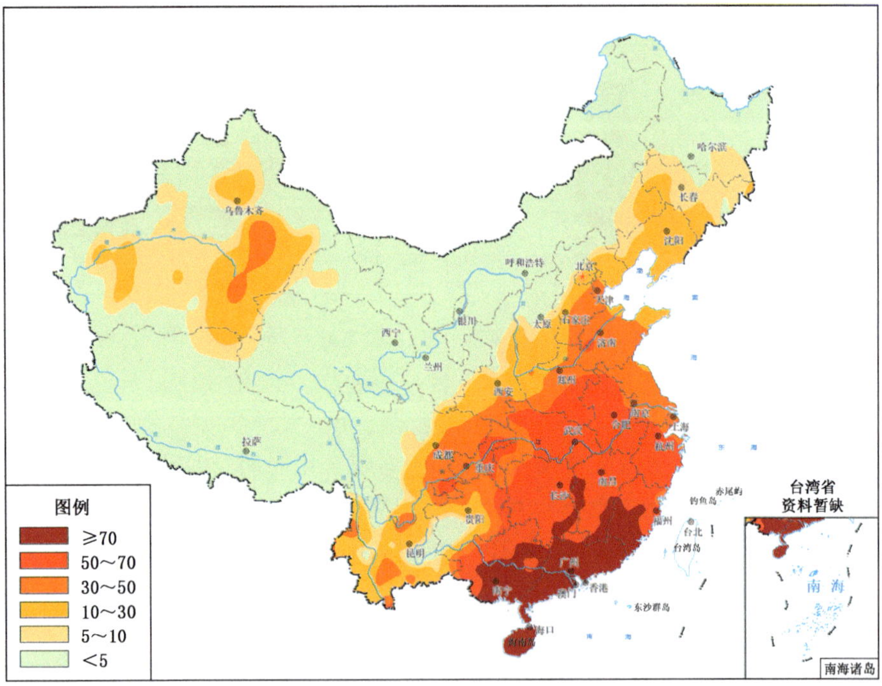

图 2.7.3 2019 年夏季全国热指数达到危险和极端危险日数分布图(单位:天)

受持续高温影响,2019 年武汉市高温中暑报告病例为 572 例,重症中暑 197 例,轻症中暑 375 例。7 月 29 日,浙江绍兴高温中暑病例报告信息系统报告高温中暑病例 205 例,其中重症中暑病例 22 例。7—8 月，我国中东部地区的医院因高温致热射病、热伤风和肠胃炎患者急剧增长，如南昌市仅一周就有 24 人紧急送医，北京、安徽、江西、湖南、广东也均有热射病病例出现。

2. 高温对农业的影响

7 月，华北、黄淮、江淮、江汉大部月内多高温天气，持续高温导致部分无水灌溉农田旱情发展，玉米、大豆等作物生长迟缓、萎蔫，棉花蕾铃脱落增加，一季稻结实率下降。江南、华南大部出现高温天气，对晚稻秧苗生长和适时移栽返青不利，部分生育期偏晚的早稻产量和品质均有所下降。

3. 高温对能源的影响

2019 年夏季，全国大部地区气温较常年同期偏高，降温耗能相应也增加。据统计，2019 年夏季全国用电量为 19429 亿千瓦时，同比增长 4.1%，其中 6 月、7 月和 8 月用电量分别较 2018 年同期增长 5.5%、2.7%和 3.6%。

第八节　沙尘天气及其影响

2019 年，我国共出现了 12 次沙尘天气过程，10 次出现在春季(3—5 月)。2019 年春季我国北方沙尘过程总次数接近 2000 年以来历史同期平均(11.0 次)；沙尘首发时间较常年偏晚，较 2018 年偏晚 39 天；沙尘日数较常年同期偏少。

一、北方沙尘天气主要特征

2019 年，我国共出现了 12 次沙尘天气过程，10 次出现在春季(3—5 月)(表 2.8.1)。春季的 10 次沙尘过程中，有 1 次强沙尘暴、2 次沙尘暴和 7 次扬沙天气过程。2019 年春季沙尘天气过程总次数比常年(1981—2010 年)同期(17 次)偏少 7 次，接近 2000—2018 年同期平均(11.0 次)(表 2.8.2)。

表 2.8.1　2019 年全国主要沙尘天气过程纪要表(中央气象台提供)

序号	起止时间	过程类型	主要影响系统	影响范围
1	3 月 19—21 日	强沙尘暴	地面冷锋、蒙古气旋	新疆南疆盆地、内蒙古中西部、甘肃北部、青海西北部等地出现扬沙和浮尘天气，新疆南疆盆地的部分地区出现强沙尘暴
2	4 月 4—6 日	扬沙	地面冷锋、蒙古气旋	新疆南疆盆地、内蒙古中东部、辽宁、吉林、山东、河北、北京、天津等地的部分地区出现扬沙和浮尘天气
3	4 月 16 日	扬沙	蒙古气旋	辽宁西部、吉林西部、黑龙江西部等地出现扬沙和浮尘天气
4	4 月 17 日	扬沙	蒙古气旋、地面冷锋	内蒙古中东部、辽宁西部、吉林西部、黑龙江西部等地出现扬沙和浮尘天气
5	4 月 20 日	扬沙	地面冷锋	内蒙古中东部、吉林西部、河北北部等地出现扬沙和浮尘天气，内蒙古中西部局地出现沙尘暴

续表

序号	起止时间	过程类型	主要影响系统	影响范围
6	5 月 4—5 日	扬沙	地面冷锋	内蒙古中西部、甘肃中西部出现扬沙和浮尘天气，内蒙古中西部局地出现沙尘暴
7	5 月 11—12 日	沙尘暴	蒙古气旋、地面冷锋	内蒙古大部、甘肃中西部、宁夏、陕西北部、山西北部、河北北部、北京、天津等地出现扬沙和浮尘天气，内蒙古中西部、甘肃中部的部分地区出现沙尘暴
8	5 月 14—16 日	沙尘暴	地面冷锋	内蒙古中西部、甘肃中西部、宁夏、黑龙江西南部、吉林西部等地的部分地区出现扬沙和浮尘天气，内蒙古、甘肃中部的部分地区出现沙尘暴
9	5 月 18—19 日	扬沙	蒙古气旋、地面冷锋	内蒙古中西部、青海北部、宁夏、甘肃东部、河北中南部、新疆南疆盆地等地出现扬沙和浮尘天气
10	5 月 24—26 日	扬沙	蒙古气旋、地面冷锋	新疆南疆盆地、青海西北部、宁夏北部、内蒙古西部、陕西北部等地出现扬沙浮尘天气，其中南疆盆地局地出现沙尘暴
11	10 月 27—28 日	扬沙	蒙古气旋、地面冷锋	甘肃河西、内蒙古中西部、宁夏、陕西中北部、山西大部、河北、北京、河南、安徽、江苏、山东等地出现扬沙和浮尘天气
12	11 月 17—18 日	扬沙	蒙古气旋、地面冷锋	内蒙古中西部、宁夏北部、陕西北部、山西北部、河北、北京、天津、辽宁等地出现扬沙和浮尘天气

表 2.8.2　2000—2019 年春季(3—5 月)及各月全国沙尘天气过程统计

时间	3 月	4 月	5 月	总计
2000 年	3	8	5	16
2001 年	7	8	3	18
2002 年	6	6	0	12
2003 年	0	4	3	7
2004 年	7	4	4	15
2005 年	1	6	2	9
2006 年	5	7	6	18
2007 年	4	5	6	15
2008 年	4	1	5	10
2009 年	3	3	1	7
2010 年	8	5	3	16
2011 年	3	4	1	8

续表

时间	3月	4月	5月	总计
2012年	2	6	2	10
2013年	3	2	1	6
2014年	2	3	2	7
2015年	5	3	3	11
2016年	3	3	2	8
2017年	2	2	2	6
2018年	3	5	2	10
2019年	1	4	5	10
2000—2018年总计	71	85	53	209
2000—2018年平均	3.7	4.5	2.8	11.0

1. 春季沙尘过程数较2000年以来历史同期略偏少

2019年春季(3—5月),我国共出现10次沙尘天气过程(7次扬沙,2次沙尘暴,1次强沙尘暴),较常年同期(17次)明显偏少,接近2000—2018年同期平均(11.0次)(表2.8.2)。其中沙尘暴(包括强沙尘暴)过程有3次,较2000—2018年同期平均次数(5.9次)偏少2.9次,与2018年同期持平(图2.8.1)。10次沙尘天气过程中3月出现了1次沙尘天气过程,较2000—2018年同期平均(3.7次)偏少2.7次,与2005年同期并列为2000年以来第二少;4月发生了4次沙尘天气过程,接近2000—2018年同期平均;5月沙尘天气过程数为5次,较2000—2018年同期平均(2.8次)偏多2.2次,具有前少后多的特点(表2.8.2)。

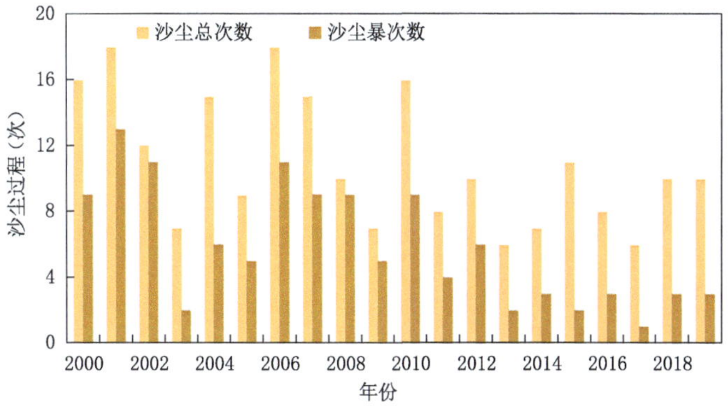

图2.8.1 全季全国沙尘天气过程次数及沙尘暴过程次数历年变化

2. 沙尘首发时间较常年略偏晚

2019年我国首次沙尘天气过程发生时间为3月19日,较2000—2018年平均首发时间(2月16日)偏晚31天,较2018年(2月8日)偏晚39天(表2.8.3)。

表 2.8.3　2000—2019 年全国历年沙尘天气最早发生时间表

年份	最早发生时间	年份	最早发生时间
2000	1 月 1 日	2010	3 月 8 日
2001	1 月 1 日	2011	3 月 12 日
2002	3 月 1 日	2012	3 月 20 日
2003	1 月 20 日	2013	2 月 24 日
2004	2 月 3 日	2014	3 月 19 日
2005	2 月 21 日	2015	2 月 21 日
2006	2 月 20 日	2016	2 月 18 日
2007	1 月 26 日	2017	1 月 25 日
2008	2 月 11 日	2018	2 月 8 日
2009	2 月 19 日	2019	3 月 19 日

3. 沙尘日数偏少，为 1961 年以来同期第四少

2019 年春季，我国北方平均沙尘日数为 3.2 天，较常年（1981—2010 年）同期（5.0 天）偏少 1.8 天，比 2000—2018 年同期（3.6 天）偏少 0.4 天（图 2.8.2）。平均沙尘暴日数为 0.4 天，分别比常年同期（1.1 天）和比 2000—2018 年同期（0.7）偏少 0.7 天和 0.3 天，为 1961 年以来历史同期第八少（图 2.8.3）。

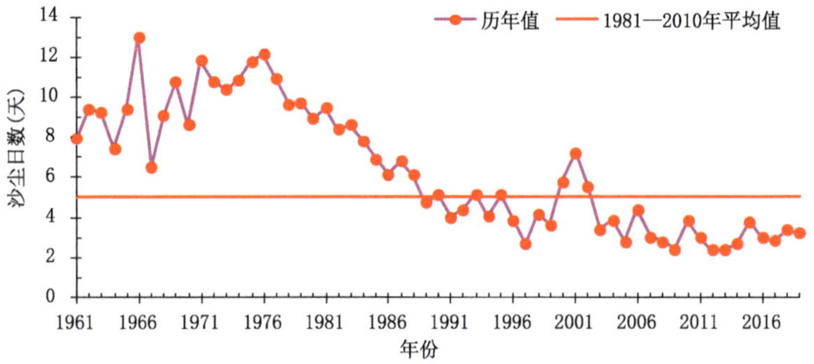

图 2.8.2　1961—2019 年春季（3—5 月）全国北方沙尘（扬沙以上）日数历年变化

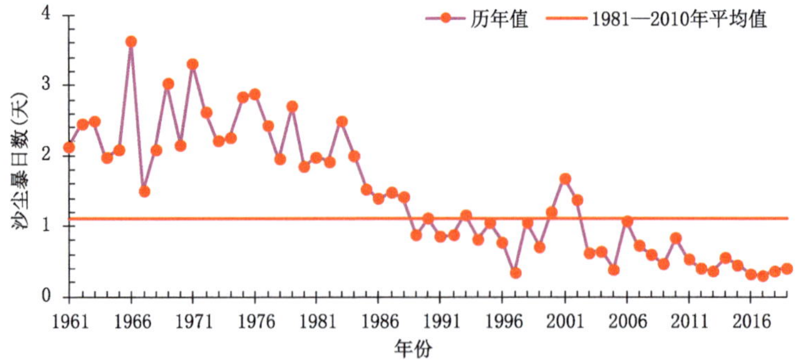

图 2.8.3　1961—2019 年春季（3—5 月）全国北方沙尘暴日数历年变化

从空间分布上来看，2019 年春季沙尘天气范围主要集中于西北大部、内蒙古大部、东北中西部等地，其中新疆南疆盆地、青海中部和西北部、内蒙古西部、甘肃中部、宁夏北部等地沙尘日数超过了 10 天，新疆南疆大部、青海西部和中部、内蒙古西部地区沙尘天气日数在 20 天以上，局部超过 30 天；东北西部和中部及内蒙古东部、甘肃南部、青海东部、陕西北部、山西北部、河北北部和西南部等地沙尘日数为 1～10 天(图 2.8.4)。与常年同期相比，北方大部地区接近常年同期或偏少，其中新疆西南部部分地区、内蒙古中部、甘肃中部、宁夏大部、陕西北部、山西西北部、河北西北部及西藏西部等地偏少 5～10 天，部分地区偏少 10 天以上；但新疆东南部、内蒙古西部及青海西北部偏多 5～10 天，部分地区偏多 10 天以上(图 2.8.5)。

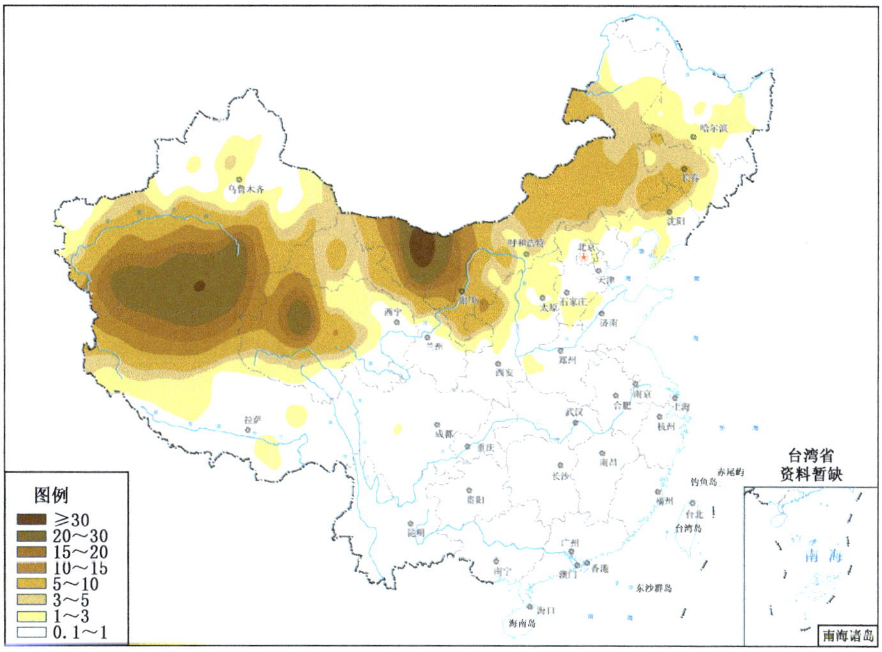

图 2.8.4　2019 年春季全国沙尘日数分布图(单位:天)

二、沙尘天气影响

2019 年沙尘天气的影响总体偏轻。3 月 19—21 日的沙尘暴天气过程是 2019 年沙尘强度最强的一次沙尘天气过程。2019 年 3 月 19—21 日，新疆南疆盆地、内蒙古中西部、甘肃北部、青海西北部等地出现扬沙或浮尘天气，新疆南疆盆地的部分地区出现强沙尘暴。受沙尘天气的影响，20 日新疆维吾尔自治区和田地区取消航班 26 架次，计 3900 人次。21 日取消航班 9 架次，计 1350 人次。4 月 4—6 日，新疆南疆盆地、内蒙古中东部、辽宁、吉林、山东、河北、北京、天津等地的部分地区出现扬沙。此次沙尘天气过程受影响土地面积约 85.5 万平方千米，人口约 9192 万人，耕地面积约 1140 万公顷，草地面积约 3319 万公顷。本次沙尘天气发生在初春季节，受影响地区的农事活动尚未开展，因而对农、林、牧业生产影响不大，但沙尘发生时对上述地区民航、公路运输影响较大，同时使空气质量下降，影响人民群众的日常生活。

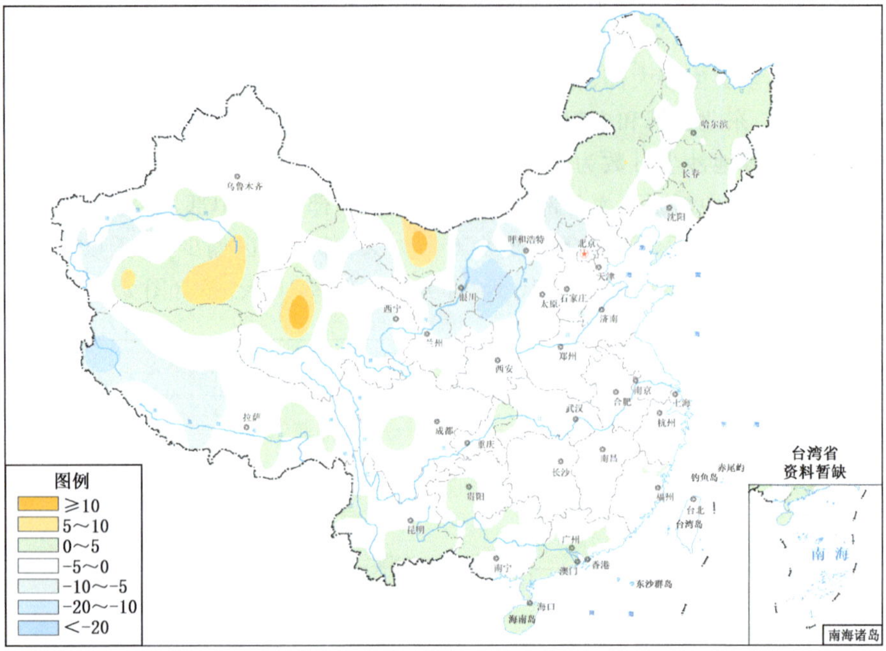

图 2.8.5　2019 年春季全国沙尘日数距平分布图(单位:天)

第九节　雾和霾及其影响

2019 年,我国雾主要分布在黄淮南部、江淮东部、江南北部以及内蒙古东北部、陕西西北部、福建北部、湖南南部、广东西部、广西北部和西南部、四川东南部、重庆、贵州、云南南部、新疆北疆等地,霾主要分布在吉林中部、河北南部、河南大部、山东西部、江苏大部等地,对交通影响大。

一、雾日分布特点

2019 年,我国的雾主要出现在 100°E 以东地区,中东部地区、西南及新疆北部雾日数一般有 10～30 天,黄淮南部、江淮东部、江南北部以及内蒙古东北部、陕西西北部、福建北部、湖南南部、广东西部、广西北部和西南部、四川东南部、重庆、贵州、云南南部、新疆北疆等地在 30 天以上(图 2.9.1)。

2019 年,我国 100°E 以东地区平均雾日数 24.1 天,较常年同期偏多 1.6 天,接近常年同期(图 2.9.2)。2019 年我国雾多发月份为 1 月、3 月和 12 月,分别占全年雾日数的 10%、9.6%和 9.6% (图 2.9.3)。

二、霾日分布特点

2019 年,我国的霾主要出现在 100°E 以东地区,东北中部、华北中部和南部、黄淮、江淮以及湖北中部、湖南中北部、江苏大部等地超过 30 天,其中吉林中部、河北南部、河南大部、山东西部、江苏大部霾日数超过 50 天,局地超过 70 天(图 2.9.4)。

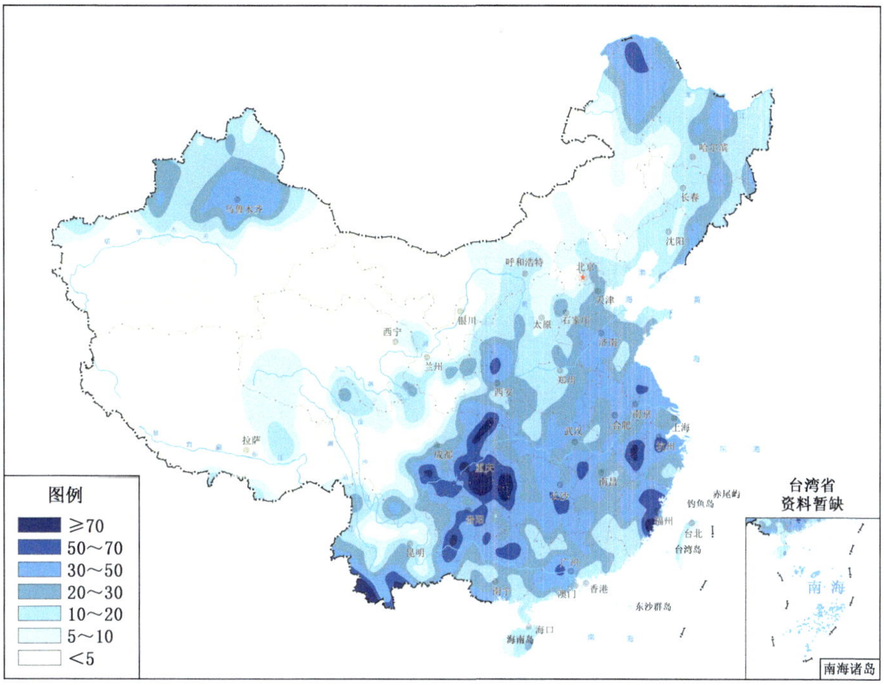

图 2.9.1　2019 年全国雾日数分布(单位:天)

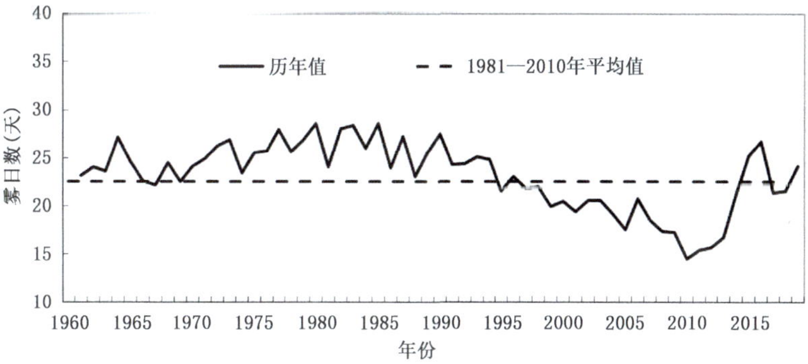

图 2.9.2　1961—2019 年全国 100°E 以东地区年均雾日数历年变化

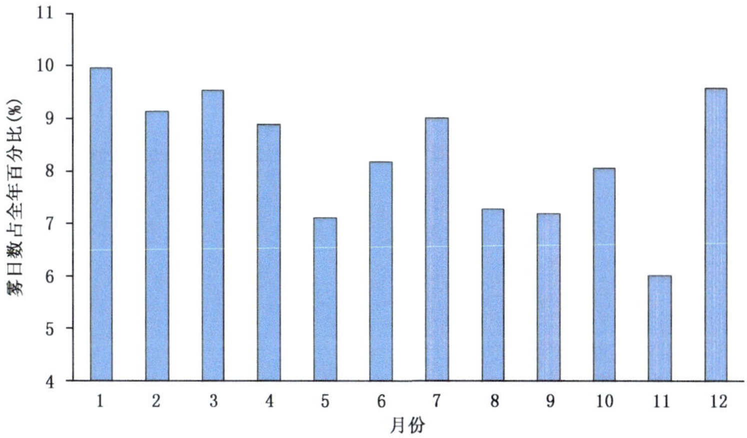

图 2.9.3　2019 年全国 100°E 以东地区各月雾日数占全年的百分比

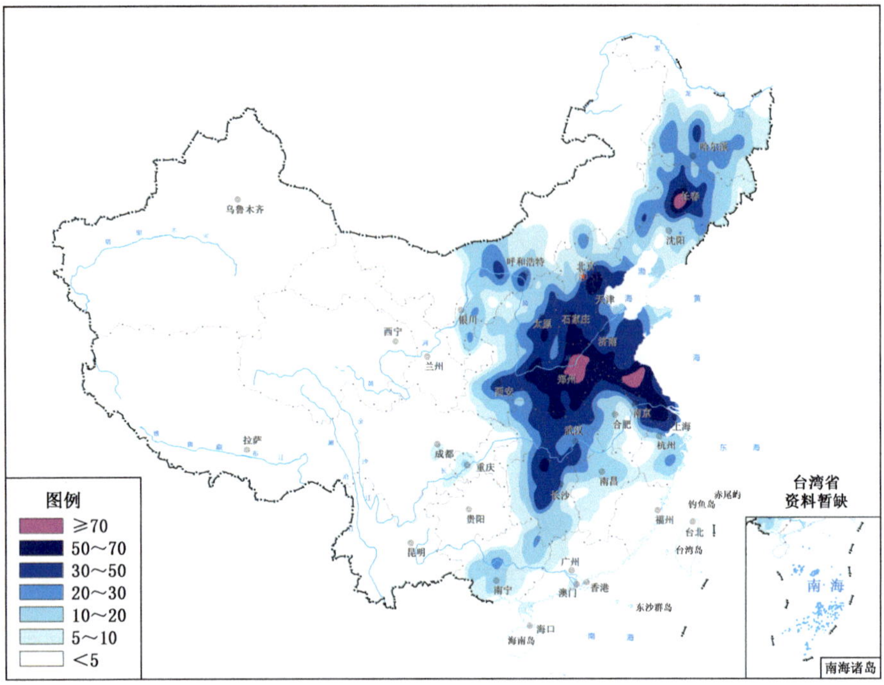

图 2.9.4　2019 年全国霾日数分布(单位:天)

2019 年,我国 100°E 以东地区平均霾日数 13.9 天,较常年同期偏多 4.4 天(图 2.9.5)。2019 年我国霾多发月份为 1 月、2 月和 12 月,分别占全年霾日数的 25%、16%和 16%(图 2.9.6)。

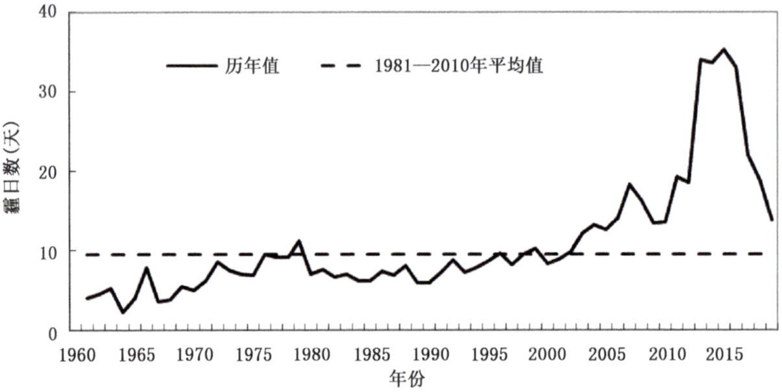

图 2.9.5　1961—2019 年中国 100°E 以东地区平均年霾日数历年变化

三、雾和霾的影响

1 月 10—15 日,雾和霾侵袭我国华北、黄淮和东北多地,中央气象台发布大雾黄色或橙色预警。10 日,受雾天气影响,西安部分高速路段实施交通管制,并出现车辆滞留情况。12 日,河北大部地区出现雾天气,石家庄、邢台等地出现能见度不足 50 米的强浓雾,河北省气象台发

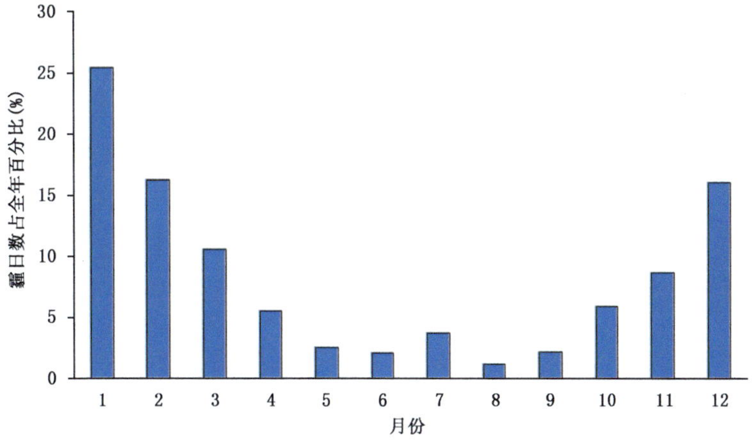

图 2.9.6　2019 年中国 100°E 以东地区各月霾日数占全年的百分比

布大雾红色预警，省内高速公路大面积关闭。14 日，江苏沿江及以北地区出现能见度小于 200 米的强浓雾，其中南京、扬州、镇江、泰州、南通、盐城、淮安、徐州、宿迁、连云港的部分地区能见度小于 50 米，部分高速公路实行特级交通管制措施。霾主要影响京津冀、河南、山东中西部、陕西关中、山西、辽宁、吉林中西部、黑龙江西南部、江苏等地，其中 1 月 12 日河北保定 $PM_{2.5}$ 峰值浓度超过 500 微克/米^3。

2 月 20 日至 3 月 4 日，华北、黄淮、汾渭平原等地出现雾和霾天气，持续时间长达两周。河北、山东、江苏、安徽、湖北、江西、福建以及四川盆地局地出现能见度不足 200 米的强浓雾，局地不足 50 米。京津冀及周边地区“2＋26”城市的污染程度总体为重度污染，部分城市达严重污染，首要污染物为 $PM_{2.5}$，区域内 28 个城市累计出现了 126 个重度污染天，18 个严重污染天；$PM_{2.5}$ 日均浓度峰值为 460 微克/米^3，出现在濮阳市(2 月 20 日)。北京市出现了 2 个重度污染天(3 月 2 日和 3 日)，$PM_{2.5}$ 日均浓度峰值为 184 微克/米^3，出现在 2 日。24 日，安徽省有 61 个市县能见度低于 500 米，50 个县市低于 200 米，局地不足 50 米，全省多条高速全封闭。

10 月 18—19 日，华北、黄淮等地出现雾和霾天气，为入秋以来第一次大气重污染过程。辽宁西部、北京南部、天津中南部、河北中南部、山东西部、河南、江苏大部、安徽北部、湖南中西部及甘肃东部、陕西、四川南部、贵州中部等地出现大雾，局地强浓雾，中央气象台发布大雾黄色预警。华北中南部和黄淮北部等地出现轻至中度霾，局地重度霾。京津冀及周边地区“2＋26”城市中北京、天津、石家庄、唐山、保定等城市 $PM_{2.5}$ 小时浓度达重度污染，其它城市总体呈轻至中度污染水平。区域内 $PM_{2.5}$ 小时浓度峰值为 188 微克/米^3(唐山，19 日 10 时)，达重度污染水平；北京市 $PM_{2.5}$ 小时浓度峰值为 163 微克/米^3(19 日 17 时)，达重度污染水平。

11 月 21—23 日，华北、黄淮以及陕西中部等地出现雾和霾天气。京津冀及汾渭平原等地出现霾或轻雾，河北、河南、山东、江苏、贵州西部、安徽东部、浙江北部等地出现大雾，局地能见度不足 200 米。京津冀及周边地区 $PM_{2.5}$ 小时浓度峰值为 256 微克/米^3(安阳，11 月 23 日 14 时)，达小时严重污染；北京市 $PM_{2.5}$ 小时浓度峰值为 161 微克/米^3(11 月 22 日 22 时和 3 时)。21 日，受雾天气影响，成都双流国际机场出现大面积航班延误，造成 86 个出港航班积压、19 个航班取消、8 个航班备降外场，部分旅客被迫滞留机场。

12 月 6—10 日，华北、黄淮、江汉等地出现雾和霾天气，中央气象台连续 5 天发布大雾黄色预警。京津冀鲁及汾渭平原部分地区出现重度污染，6—7 日，京津冀及周边地区“2＋26”城市 $PM_{2.5}$ 小时峰值浓度为 255 微克/米^3（石家庄，12 月 7 日 18 时），达小时严重污染，北京市 $PM_{2.5}$ 小时峰值浓度为 90 微克/米^3（12 月 6 日 20 时），达小时轻度污染；汾渭平原 $PM_{2.5}$ 小时峰值为 222 微克/米^3（渭南，12 月 7 日 14 时），达小时重度污染，西安市 $PM_{2.5}$ 小时峰值浓度为 203 微克/米^3（12 月 7 日 17 时），达小时重度污染。此外，河南的许昌、驻马店等 6 个城市出现 $PM_{2.5}$ 小时重度污染；湖北襄阳、荆门 2 个城市出现 $PM_{2.5}$ 小时重度污染。9 日，受大雾天气影响，全国有 110 条高速公路部分路段封闭。

第十节　2019 年全球气候事件概述

一、多地遭遇暴雨洪涝侵袭

在亚洲地区，2019 年夏季风期间（6—9 月），印度地区总降水量比 1961—2010 年平均偏多 10%，为 2013 年以来首次高于平均值的年份，也是 1994 年以来最湿的年份。据报道，在印度、尼泊尔、孟加拉国和缅甸发生的各种洪灾事件中，超过 2200 人丧生。与此同时，6 月份的季风洪水还影响了中国南方部分地区，造成 83 人死亡，经济损失超过 25 亿美元。

在大洋洲地区，1 月底和 2 月初，热带低压给澳大利亚昆士兰北部带来了极端降水，并引发洪水；汤斯维尔沿海地区 10 天内的总降水量超过 2000 毫米，昆士兰西北部内陆地区 7 天内总降雨量超过 600 毫米；洪水以及异常凉爽天气导致牲畜损失达 20 亿美元左右。3 月下旬，在热带暖湿气流的影响下，新西兰南岛西海岸出现极端降水，克罗普河 48 小时累计降水量达 1086 毫米，超过全国历史最高纪录。

在北美洲地区，2018 年末和 2019 年上半年，持续强降水导致密西西比河流域洪水频发，特别是从 1 月 6 日到 8 月 4 日，路易斯安那州巴吞鲁日的河流在近 7 个月时间内一直处于洪水水位以上。受频繁暴雨洪涝灾害影响，美国 2019 年因灾损失达 200 亿美元。4 月和 5 月初，受暴雨及积雪迅速融化影响，加拿大东部部分地区出现严重洪灾，导致渥太华地区有 6000 多所住宅被淹。

在南美洲地区，1 月部分地区受到非常潮湿的天气影响。阿根廷北部、乌拉圭和巴西南部发生大洪水，阿根廷和乌拉圭的损失估计为 25 亿美元。3 月 11 日，巴西米纳斯吉拉斯州遭受暴雨侵袭，引起矿坝溃坝，造成至少 200 人死亡、108 人失踪。

在非洲地区，3 月 13 日，莫桑比克遭暴雨洪水侵袭，造成至少 417 人死亡，超过 14 万人受灾。7 月至 8 月下旬，苏丹遭受暴雨和洪涝灾害，造成 62 人死亡，近百人受伤，上万户民宅受损，交通受阻。另外尼日利亚、津巴布韦、喀麦隆等国都遭受了不同程度的暴雨洪涝影响。

二、澳大利亚以及亚洲和欧洲多国受干旱影响

2017—2018 年澳大利亚东部内陆许多地区处于长期干旱状况，这一趋势在 2019 年进一步扩大和加剧，特别是在下半年，澳大利亚出现有记录以来最干燥的春季（11 月和 12 月）。2019 年，该国大部分地区的降水量远低于平均水平，新南威尔士州的北半部和昆士兰邻近的边境地区年降雨量比常年偏少 70%～80%，普遍是有记录以来最少。干旱导致穆雷—达令盆

地北部的河流严重缺水，农业损失严重，一些城镇需要用卡车运送生活用水。

在亚洲，6 月上旬，印度多地遭遇季风前干旱，多个城市面临湖泊及河流干涸，引发部分地区水资源危机，钦奈地区多个水库水位创 70 年以来新低，需水量仅为水库总库容的 1.3%。7 月 19 日以来，泰国遭遇近 10 年来最严重干旱，泰国北部、东北部和中部平原等多个粮食作物产地因受降水量减少影响，灌溉用水紧张。4—6 月，中国云南高温少雨导致其大部发生严重干旱，造成部分河道断流、水库干涸，逾 30 万人饮水困难，春耕生产和人民生活受到影响。在中国、老挝边境附近，4—9 月降水量比常年偏低 50%以上；泰国北部部分地区也异常干燥，清莱 1—9 月的降水量比正常水平少 42%。

在欧洲地区，2019 年夏季，法国温高雨少，造成逾 80 多个省出现大规模干旱，巴黎从 8 月 19 日至 9 月 21 日连续 34 天无有效降水，追平了有记录以来第二长的干旱时期。初秋，多瑙河低水位对塞尔维亚的河流运输造成了影响，同时波兰的威斯拉河在 9 月下旬也达到了有记录以来的最低水位。西班牙 1—8 月的降雨量比常年偏少 23%；摩洛哥大部分地区的冬季降水量不到常年降水量的一半；春末夏初，冰岛南部和西部特别干燥，从 5 月 21 日到 6 月 26 日，斯蒂基斯霍米尔连续 37 天没有有效降水，这是自 1856 年以来持续时间最长的干旱。

三、全球极端热带气旋频发

2019 年，北半球共有 72 个热带气旋生成，高于常年平均值(59 个)，累积气旋能量指数(ACE)比常年平均偏高 4%。2018/2019 年热带气旋季，南半球有 27 个生成，高于常年值，为 2008/2009 年以来最多。

在西北太平洋，超强台风“利奇马”(Lekima)8 月 10 日在中国浙江省温岭市沿海登陆，具有登陆强度强、陆上滞留时间长、风雨强度大、影响范围广、灾情重的特点，造成 70 人死亡失踪，直接经济损失 515.3 亿元。强台风“海贝思”(Hagibis)于 10 月 12 日在东京以西登陆，登陆时中心气压为 955 百帕，“海贝思”带来了极端强降水，东京以西的许多地区日降水量超过 400 毫米，富士山附近箱根日降水量达 922.5 毫米，为日本有记录最高日降水量，“海贝思”至少导致 96 人死亡。

在北印度洋，有 3 个热带气旋中心强度在 100 千牛及以上，这是有记录以来首次在单个热带气旋季内出现这种极端情况，ACE 达到有记录以来最高。热带气旋“法尼”(Fani)是自 2013 年以来影响印度的最严重的热带气旋，5 月 3 日在东部奥迪萨海岸登陆，登陆强度为 100 千牛，生命史中最大强度达 135 千牛。受影响的沿海地区进行了大规模疏散，大大减少了热带气旋对人类的影响，但“法尼”最终还是造成了严重的破坏和生命财产损失。10 月，“基亚尔”(Kyarr)是阿拉伯海有记录以来最强的热带气旋之一，虽然没有登陆，但是其引起的高浪涌及风暴潮影响了一些沿海地区。

南印度洋海域热带气旋活动相对活跃，共生成 18 个，其中 13 个达到飓风强度，追平了有记录以来的最大数量。热带气旋“伊代”(Idai)在中心强度达到 105 千牛后，于 3 月 15 日在莫桑比克贝拉附近登陆，是在非洲东海岸登陆的最强热带气旋之一。“伊代”登陆后席卷邻国津巴布韦和马拉维，19 日再次袭击莫桑比克并持续到 21 日。“伊代”带来的风和风暴潮在莫桑比克沿海造成了严重损失，严重的洪水蔓延到莫桑比克内陆地区和津巴布韦的部分地区，最终导致东非近 300 万人受灾，超过 900 人死亡，经济损失超过 10 亿美元，为南半球过去 100 年来死亡人数最多的热带气旋。

在西大西洋，2019 年最强热带气旋之一是“多里安”(Dorian)，8 月底达到 5 级强度，并于 9

月 1 日登陆巴哈马，登陆强度为 165 千牛，追平了北大西洋登陆强度的最高纪录。“多里安”移动速度慢，以 5 级强度在巴哈马群岛上空保持了大约 24 小时的近静止状态。持续强风和风暴潮导致巴哈马群岛的一些岛屿几乎全部受损，至少有 60 人死亡，经济损失估计超过 30 亿美元。随后，“多里安”向东北方向移动，对美国东海岸部分地区以及加拿大新斯科舍省造成了严重的破坏。热带气旋“伊梅尔达”(Imelda)给德克萨斯州东部边境带来了极端降雨，局地累积降雨量超过 1000 毫米，损失约为 50 亿美元。

四、欧洲及澳大利亚等地遭遇异常高温热浪天气

在欧洲地区，6 月下旬至 7 月下旬遭遇两次高温热浪天气过程。6 月 28 日法国南部加拉尔盖莱蒙蒂厄市测得该国前所未见的 46.0℃的高温，比之前历史纪录还要偏高 1.9℃，与此同时，西欧多地受到高温天气影响。第二次高温热浪过程影响更为严重，德国、荷兰、比利时和卢森堡分别测得 42.6℃、40.7℃、41.8℃和 40.8℃高温，并突破这些国家的历史纪录。高温热浪还影响到了北欧一些国家，特别是赫尔辛基在 7 月 28 日测得该地最高的气温纪录(33.2℃)；同时在一些有较长观测记录的站点，测得的气温超过历史极值 2℃或以上，如巴黎蒙苏里气象站和布鲁塞尔附近的于克勒，分别超历史纪录 2.2℃和 3.1℃。

在南半球，澳大利亚 2018/2019 年夏季平均气温是有记录以来的最高值，全国大部分地区都受到高温影响，高温持续时间长且极端性强，最极端异常地区位于新南威尔士州。1 月 24 日阿德莱德市气温高达 46.6℃，突破当地历史纪录。12 月，澳大利亚极端高温热浪天气更加明显，12 月 18 日，区域平均气温高达 41.9℃；19 日，纳拉伯客栈(Nullarbor Roadhouse)观测到 49.9℃气温，为 1998 年以来澳大利亚最高值。总之，澳大利亚有记录以来排名前 10 的最热的 7 天有 9 个出现在 2019 年。另外，新西兰以及南美地区的智利、阿根廷也遭受了夏季高温热浪天气，其中新西兰南岛北部受高温天气影响出现明显林火。

五、北美和欧洲遭受寒流和暴风雪袭击

1 月 27 日至 2 月 1 日，受到寒流“极地涡旋”的影响，美国中西部遭遇了罕见的极寒天气。全美有 22 个州出现−18℃以下低温，明尼苏达州、南达科他州和北达科他州等部分地区气温达−45℃，芝加哥 1 月 30 日出现零下 30℃的极低气温，创下该市近 25 年来最低气温纪录。有超过 1.4 亿人受到寒流影响，至少造成 21 人死亡。3 月 3 日，严寒天气横扫美国，加利福尼亚州内华达山脉到东北部的新英格兰降下大雪，蒙大拿州的莫斯比出现最低−42℃的低温。10 月中旬，加拿大马尼托巴省出现强降雪天气，积雪厚度高达 74 厘米，造成大面积停电和交通阻塞。

1 月 6—13 日，强暴风雪在欧洲多国引发事故，造成 21 人死亡。10 日，瑞士 3 人受伤；11 日，德国 5 个地区进入紧急状态，法兰克福机场当天大约有 120 个架次的航班被迫取消，慕尼黑机场 90 个架次的航班停飞，1 人死亡；奥地利部分地区地面积雪达到了 3 米，多地交通严重受阻，数千户家庭停止供电，3 人死亡；挪威波兰罗兹市主要干道因地面湿滑，导致 18 辆车相撞。

在亚洲，1 月 24 日日本北海道等北部地区遭遇暴风雪天气，几十架次航班取消，部分铁路全天停运。2 月 5—6 日，哈萨克斯坦近日遭遇数年来最冷冬天，极寒天气已造成 2 人死亡，173 人受伤。2 月 9 日，寒潮侵袭日本，造成 16 人受伤，100 多个航班取消。5 月 11 日，暴风雪席卷蒙古国南部和中部地区，造成 4 人死亡，多地交通瘫痪，牧民的生产生活受到严重影响。12

月 10 日，寒潮席卷泰国，造成至少 6 人死亡。

六、强对流天气在世界各地频繁发生

2019 年，美国经历了 2011 年以来最活跃的龙卷风季节，尤其是在 5 月，共计观测到 556 次龙卷风，为有记录以来单月第二多。尽管如此，全年只有一个龙卷风强度达到 EF-4 级，死亡人数低于历史长期平均。3 月 3 日，美国亚拉巴马州以及佐治亚州遭龙卷风袭击，死亡 22 人。5 月下旬，美国中部遭遇龙卷风、大风、冰雹和短时强降水天气；其中，猛烈龙卷风 23 日横扫密苏里州，造成至少 3 人死亡；27 日，龙卷风侵袭俄亥俄州，导致 1 人死亡，12 人受伤，多处房屋被毁坏、电力中断，超 500 万人受影响。6 月 9 日，美国德州达拉斯出现强风、大雨和冰雹等恶劣天气，强风时速达 112 千米/时，导致 1 人死亡，6 人受伤。

1 月 28 日，古巴哈瓦那遭遇龙卷风天气导致至少 4 人死亡，超过 195 人受伤。6 月 15 日，法国东南部地区遭遇暴风雨和冰雹天气，造成 2 人死亡，10 人受伤，超过 2000 户家庭断电，当地房屋建筑和果园林地损失严重。7 月 10 日，意大利亚平宁半岛遭遇雷雨、冰雹侵袭，导致 18 人受伤送医，房屋、汽车及农作物受损严重。7 月 28 日，意大利遭遇暴风雨袭击，龙卷风侵袭了意大利中部和北部的大部分地区，局部地区爆发山洪，造成 3 人死亡。8 月 12 日，荷兰、卢森堡和法国等多国发生龙卷风灾害，其中卢森堡灾情最重，160 间房屋损毁，19 人受伤，其中 2 人重伤。11 月 12 日，一场突如其来的特大龙卷风袭击了南非重要省份夸祖鲁·纳塔尔省部分地区，并引发严重自然灾害，导致 2 人死亡，20 人受伤。

在亚洲，4 月中旬，巴基斯坦以及印度北部和西部出现大范围的强雷暴天气过程，并伴随有沙尘暴，其中，4 月 16—17 日，恶劣天气造成印度至少 50 人死亡，巴基斯坦至少 39 人死亡。6 月上半月，印度北部雷暴天气频发，共造成 60 人死亡。7 月 22 日，印度北方邦有 33 人因雷击死亡，13 人被雷电灼伤，约 20 间民房被损毁。

七、亚马孙流域、澳大利亚等地出现严重森林大火

2019 年 8 月，亚马孙流域森林大火多发且持续燃烧，过火面积超过 100 万公顷。大火持续时间长，燃烧面积大，给当地的生态环境造成严重破坏。9—11 月，澳大利亚大部分地区高温少雨，导致森林火灾频发，造成 33 人死亡，过火面积超过 700 万公顷；森林大火产生的烟雾令新南威尔士州遭遇史上最严重的空气污染。另外在印度尼西亚及周边国家由于严重干旱，出现了 2015 年以来最严重的火灾。

第三章　气候对行业影响评估

第一节　气候对农业的影响

2019 年，我国主要粮食作物生长期间气候条件较为适宜，利于农业生产。冬小麦和夏玉米全生育期，光、温、水等条件总体匹配较好，墒情适宜，气象灾害偏轻，气候条件较好。阶段性低温阴雨寡照天气对部分地区早稻播种和生长发育及产量形成影响较大。晚稻、一季稻产区气候条件较好，但长江中下游地区遭遇严重伏秋连旱，对产量形成造成较大不利影响。

一、冬小麦

冬小麦生育期内，大部地区水热条件匹配较好，麦田墒情适宜，利于作物生长。秋播期，冬麦区大部墒情适宜，利于冬小麦播种出苗及幼苗生长，仅河北中南部、河南南部和安徽北部等地土壤墒情偏差。2018 年 11 月，北方冬麦区大部水热条件总体适宜小麦冬前分蘖生长，但河北、山西中部墒情不足，不利冬小麦扎根分蘖。2018/2019 年冬季，北方冬麦区大部墒情适宜，气温偏高，无明显低温冷冻过程，水热条件利于小麦分蘖和安全越冬。春季，冬麦区光热条件较好，降水及时，墒情适宜，总体利于冬小麦生长，但 5 月华北、黄淮等地出现不同程度干热风天气，对缺墒麦田冬小麦灌浆产生一定不利影响。夏收期间，北方冬麦区多晴好天气，冬小麦收获进展顺利。

气候条件对冬小麦生产的综合影响评估表明，冬小麦主产区，山东东南部、河南中南部、河北北部、天津西部、江苏东北部等农业气候年景为好或偏好；河南北部、河北南部、山东中部部分地区等地农业气候年景为差或偏差；其他地区的农业气候年景为一般（图 3.1.1）。

二、夏玉米

夏玉米生育期内，大部地区水热条件匹配较好，部分地区遭受干旱影响，气象灾害总体偏轻。6 月，夏玉米种植区大部墒情适宜，水热条件利于播种出苗和幼苗生长；但是华北南部、黄淮东部部分地区土壤墒情偏差，对夏玉米适时播种不利。7 月，华北中南部、黄淮大部、江淮和江汉北部持续高温干旱，导致部分无水灌溉农田旱情发展，玉米生长迟缓。8 月，华北、黄淮、江淮等地旱情缓解，利于玉米生长发育和产量形成，但台风“利奇马”带来的狂风暴雨也造成沿海部分地区夏玉米出现倒伏和渍涝。9 月，华北东部、黄淮大部气候条件利于玉米灌浆成熟；但西北地区东南部、华北西南部阶段性低温阴雨寡照和强降水导致部分农田出现渍涝和作物倒伏，不利于玉米灌浆成熟和收获，秋收秋播缓慢。

气候条件对夏玉米生产的综合影响评估表明，河南中部、河北东南部及山东中部等地夏玉米农业气候年景为好或偏好；河南北部夏玉米农业气候年景为差或偏差；其他地区的夏玉米农业气候年景为一般(图 3.1.2)。

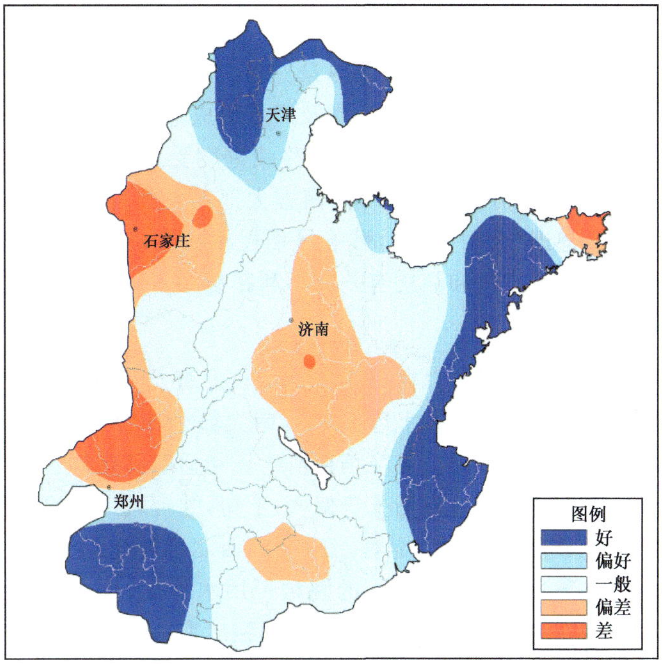

图 3.1.1　2019 年冬小麦农业气候条件分布图

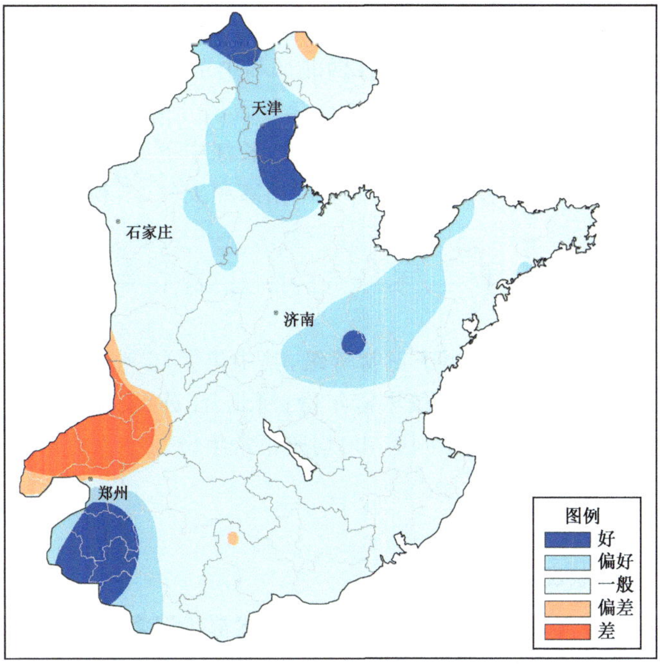

图 3.1.2　2019 年夏玉米农业气候条件分布图(单位:克/平方米)

三、水稻

1. 早稻

早稻生育期内，江南、华南早稻产区大部热量充足、光照略偏少，部分地区遭受高温影响，阶段性低温、阴雨、寡照天气对播种和生长发育及产量形成造成影响。4月中下旬，江南南部、华南北部多阴雨和强对流天气，早稻秧苗生长和移栽进度受到一定影响；5月，我国南方大部气温偏低，多阴雨天气，对早稻分蘖不利；6月，南方大部地区强降水过程频繁，早稻抽穗扬花受到不利影响，部分地区遭遇“大雨洗花”，影响早稻授粉结实；7月，江南、华南大部出现高温天气，对部分成熟偏晚的早稻产量和品质有一定不利影响。

2. 晚稻

晚稻生育期内，主产区气象条件总体利于晚稻生长发育及产量形成，气候条件较好，湖南北部、江西北部等地遭受干旱灾害。7月上中旬，江南大部、华南西部强降水导致农田受淹；下旬，江南、华南大部地区出现高温天气，对晚稻秧苗生长和适时移栽返青不利。8月中上旬，江南大部出现高温干旱天气，造成局地晚稻长势偏弱；下旬，受台风带来的风雨影响，旱情有所缓解，但也导致华南部分农田被淹。9月，湖南、江西、广西北部等地部分地区干旱持续或发展，叠加持续高温天气，造成灌溉条件较差地区的晚稻可用水不足、稻田开裂。10月，湖南北部、江西北部等地干旱持续，导致灌溉条件较差地区的晚稻出现萎蔫、卡穗、结实率下降等状况。

3. 一季稻

一季稻生育期内，总体上气候条件较好，但长江中下游地区干旱影响较大。5月，云南大部发生严重干旱，对一季稻播种进度造成一定不利影响。6月，黑龙江北部和东部气温偏低，使一季稻生长迟缓；南方强降水造成部分地区一季稻分蘖移栽受到影响。7月，东北地区月末出现明显降水，辽宁大部旱情缓解，但黑龙江西北部和中东部出现渍涝灾害，同时，适温高湿的环境条件也导致水稻稻瘟病发生；长江中下游干旱导致部分稻田无水灌溉，影响一季稻开花结实；西南地区大部阴雨寡照，一季稻授粉不畅。8月，长江中下游部分地区高温干旱持续，造成部分一季稻结实率下降。9月，西南地区东部多阴雨寡照天气，不利于一季稻成熟收晒。

第二节　气候对水资源的影响

2019年，我国水资源总量状况属于正常等级，其中黑龙江、浙江、甘肃、青海、宁夏为异常丰富年份，吉林、上海、四川、贵州为比较丰富年份；河北、江苏、安徽属于比较欠缺年份，河南、湖北、云南属于异常欠缺年份；其余省(区、市)均属正常年份。

一、年降水资源量

1. 全国年降水资源状况

2019年，全国降水资源量为61248.6亿立方米，比常年偏多1485.4亿立方米，比2018年偏少2686.3亿立方米。从我国年降水资源丰枯评定指标来看，2019年属于正常偏多年份(图3.2.1)。

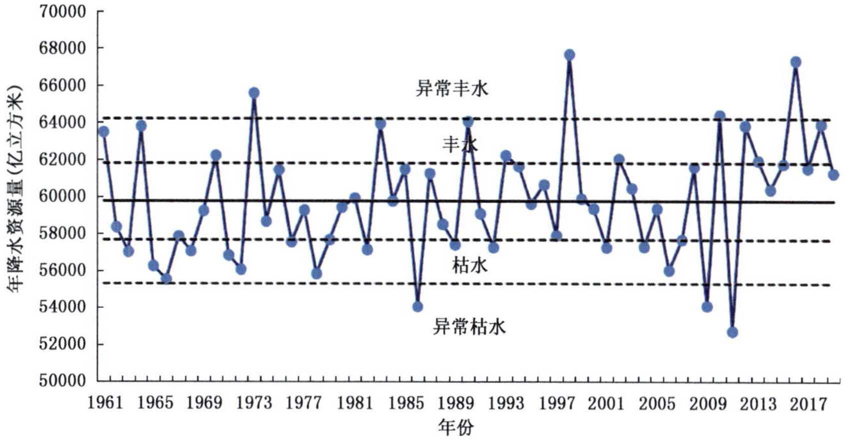

图 3.2.1 1961—2019 年全国年降水资源变化趋势(平均值为 1981—2010 年)

2. 各省(区、市)年降水资源

2019 年,全国年降水量分布不均。由表 3.2.1 可见,广东居全国第一,年降水量有 1921.2 毫米,其次为浙江(1803.4 毫米)和江西(1727.5 毫米)。新疆的年降水量为全国最少,仅有 164.3 毫米,内蒙古和宁夏分别为 343.3 毫米和 359.4 毫米。

与 2018 年相比,全国有 12 个省(区、市)增多,浙江增幅超过 200 毫米,为 249.3 毫米;湖北、山东、安徽、河南、云南、江苏、海南减幅超过 200 毫米,其中安徽减幅最大,为 363.7 毫米。

表 3.2.1 2019 年各省(区、市)年降水资源量、平均年降水量与 2018 年对比表

省(区、市)	年降水资源量(亿立方米)	与 2018 年相比(亿立方米)	平均年降水量(毫米)	与 2018 年相比(毫米)
北 京	86.0	−6.5	511.9	−38.8
天 津	52.8	−10.8	467.6	−95.8
河 北	821.7	−81.9	437.8	−43.6
山 西	690.3	−63.5	441.6	−40.6
内蒙古	3977.1	−402.7	343.3	−34.8
辽 宁	986.0	204.3	677.6	140.4
吉 林	1318.9	1.7	703.8	0.9
黑龙江	3415.1	439.8	750.7	96.7
上 海	88.8	6.0	1408.7	95.9
江 苏	871.0	−315.6	853.1	−309.1
浙 江	1859.3	257.0	1803.4	249.3
安 徽	1357.9	−507.3	973.4	−363.7
福 建	2026.3	127.7	1635.4	103.0
江 西	2867.7	306.7	1727.5	184.7
山 东	863.3	−339.2	563.2	−221.3
河 南	848.6	−370.9	514.0	−224.6

续表

省(市、区)	年降水资源量(亿立方米)	与2018年相比(亿立方米)	平均年降水量(毫米)	与2018年相比(毫米)
湖　北	1687.0	−377.5	907.5	−203.0
湖　南	3106.9	282.5	1466.9	133.4
广　东	3394.7	251.4	1921.2	142.3
广　西	3807.6	257.9	1608.6	108.9
海　南	554.9	−112.6	1632.0	−331.1
重　庆	923.8	−11.1	1121.1	−13.4
四　川	5021.1	−618.9	1034.4	−127.5
贵　州	2276.8	110.8	1292.2	62.9
云　南	3499.0	−898.5	887.8	−228.0
西　藏	5659.1	−375.6	470.6	−31.2
陕　西	1437.7	147.5	700.0	71.8
甘　肃	1942.4	−90.8	487.0	−22.8
青　海	3145.8	−316.3	435.3	−43.8
宁　夏	186.2	−16.3	359.4	−31.4
新　疆	2706.0	−151.4	164.3	−9.2

根据各省(区、市)年降水资源丰枯的等级指标(表3.2.2),得到2019年各地年降水资源的丰枯状况(图3.2.2)。2019年,黑龙江、浙江、甘肃、青海、宁夏属于异常丰水年份,吉林、上海、四川、贵州属于丰水年份;河北、江苏、安徽属于枯水年份;河南、湖北、云南属于异常枯水年份,其余16个省(区、市)均属正常年份。

表3.2.2　各省(区、市)年降水资源丰枯评定指标(单位:亿立方米)

	指标1	指标2	指标3	指标4
北　京	118.1	104.0	79.3	65.3
天　津	80.1	69.6	51.3	40.8
河　北	1183.0	1056.0	833.8	706.7
山　西	901.5	816.6	667.9	583.0
内蒙古	4483.9	4061.4	3322.1	2899.6
辽　宁	1207.0	1065.0	816.5	674.4
吉　林	1393.4	1264.0	1037.6	908.2
黑龙江	2875.5	2619.8	2172.3	1916.6
上　海	93.4	83.2	65.3	55.0
江　苏	1276.3	1151.0	931.8	806.5
浙　江	1815.3	1669.1	1413.3	1267.1
安　徽	2065.7	1869.0	1524.6	1327.8
福　建	2474.8	2245.3	1843.6	1614.0
江　西	3351.1	3048.1	2517.8	2214.7

续表

	指标 1	指标 2	指标 3	指标 4
山　东	1293.3	1130.2	844.8	681.7
河　南	1560.0	1384.3	1076.8	901.1
湖　北	2700.7	2454.3	2023.0	1776.5
湖　南	3490.0	3221.7	2752.2	2484.0
广　东	3826.3	3471.8	2851.5	2497.0
广　西	4381.3	3988.0	3299.7	2906.4
海　南	722.3	657.7	544.6	480.0
重　庆	1093.4	1005.8	852.5	764.9
四　川	5185.2	4895.4	4388.1	4098.3
贵　州	2362.1	2210.6	1945.5	1794.0
云　南	4893.2	4581.4	4035.7	3723.8
西　藏	6560.2	6011.5	5051.4	4502.8
陕　西	1622.9	1451.8	1152.2	981.1
甘　肃	1917.0	1749.5	1456.3	1288.7
青　海	3100.9	2881.5	2497.5	2278.1
宁　夏	180.4	160.3	125.3	105.3
新　疆	3438.1	3060.1	2398.6	2020.6

注：全国 2000 多个站；年降水资源量（R）丰枯等级划分标准为：$R>$指标 1 为异常丰水；指标 $1\geqslant R\geqslant$指标 2 为丰水；指标 $2>R>$指标 3 为正常；指标 $3\geqslant R\geqslant$指标 4 为枯水；指标 $4>R$ 为异常枯水。

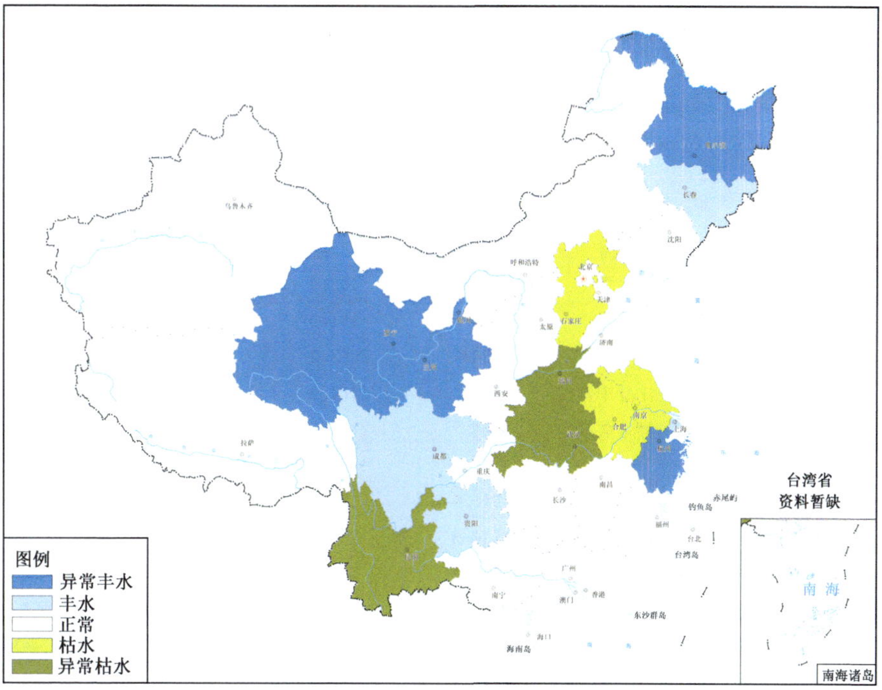

图 3.2.2　2019 年全国年降水资源丰枯评估等级分布图

二、年水资源总量

1. 全国及各省(区、市)水资源量

经统计，2019 年全国水资源总量 27918.7 亿立方米，属于正常年份。各省(区、市)水资源量状况评估结果如下：黑龙江、浙江、甘肃、青海、宁夏为异常丰富年份，吉林、上海、四川、贵州为比较丰富年份；河北、江苏、安徽为比较欠缺年份，河南、湖北、云南为异常欠缺；其余省(区、市)均为正常年份(表 3.2.3)。

表 3.2.3　2019 年全国及各省(区、市)水资源总量评估结果和采用的指标及参数(单位：亿立方米)

	年水资源总量	评估结果	指标 1	指标 2	指标 3	指标 4
北　京	23.9	正常	37.7	31.6	21.0	15.0
天　津	9.8	正常	22.4	17.6	9.1	4.2
河　北	122.4	比较欠缺	230.6	192.5	126.0	88.0
山　西	88.2	正常	121.1	107.9	84.8	71.5
内蒙古	562.9	正常	682.1	582.8	408.9	309.5
辽　宁	344.5	正常	494.3	398.1	229.7	133.5
吉　林	492.4	比较丰富	533.8	462.1	336.6	264.9
黑龙江	1394.3	异常丰富	1075.2	924.0	659.4	508.2
上　海	48.9	比较丰富	53.4	43.6	26.5	16.8
江　苏	247.9	比较欠缺	558.9	462.8	294.5	198.4
浙　江	1316.6	异常丰富	1271.3	1120.6	856.8	706.0
安　徽	473.1	比较欠缺	1052.4	891.4	609.6	448.5
福　建	1181.8	正常	1566.7	1369.7	1025.0	827.9
江　西	1670.3	正常	2070.3	1819.6	1381.0	1130.4
山　东	195.5	正常	428.2	339.9	185.4	97.1
河　南	162.4	异常欠缺	573.4	471.9	294.2	192.7
湖　北	582.6	异常欠缺	1376.9	1183.8	845.8	652.7
湖　南	1876.7	正常	2146.2	1957.6	1627.4	1438.8
广　东	2020.2	正常	2325.4	2074.7	1635.9	1385.1
广　西	2014.8	正常	2399.9	2135.9	1673.9	1409.8
海　南	294.6	正常	471.5	403.2	283.8	215.5
重　庆	527.8	正常	658.6	591.0	472.6	405.0
四　川	2747.1	比较丰富	2856.7	2663.3	2325.0	2131.6
贵　州	1147.9	比较丰富	1204.0	1104.3	929.8	830.1
云　南	1547.0	异常欠缺	2544.7	2321.5	1931.1	1708.0
西　藏	4430.8	正常	4746.2	4554.3	4218.5	4026.6
陕　西	429.0	正常	516.6	435.6	293.9	212.9
甘　肃	257.7	异常丰富	254.3	232.2	193.7	171.7
青　海	792.7	异常丰富	778.4	707.9	584.6	514.1
宁　夏	11.1	异常丰富	10.9	10.4	9.5	9.0
新　疆	903.5	正常	1004.9	952.5	860.8	808.4
全　国	27918.7	正常	30155.1	28738.8	26260.2	24843.8

注：全国 2000 多个站；年水资源总量(W)丰枯等级划分标准为：$W>$指标 1 为异常丰富；指标 1$\geq W \geq$指标 2 为比较丰富；指标 2$>W>$指标 3 为正常；指标 3$\geq W \geq$指标 4 为较为欠缺；指标 4$>W$ 为异常欠缺。

根据联合国水资源短缺状况评估指标和等级，2019 年全国人均年水资源量为 2010.9 米³/人，水资源短缺状况为脆弱等级。水资源极缺的区域主要分布在天津、北京、宁夏、河北、河南、山东、上海、山西、江苏，均不足 500 米³/人，其中天津、北京、宁夏、河北、河南、山东不足 200 米³/人；安徽、辽宁、甘肃、湖北属于缺水区域；陕西属于水资源紧张等级；重庆、广东、吉林、内蒙古、浙江属于水资源脆弱等级(图 3.2.3)。

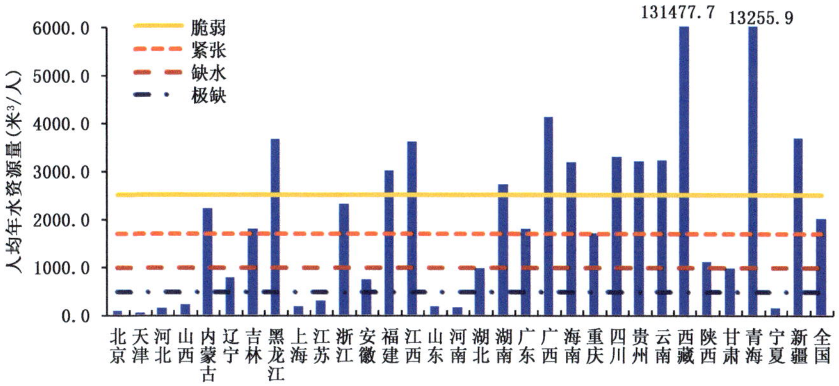

图 3.2.3　2019 年全国及各省(区、市)水资源短缺状况评估

2. 十大流域水资源量

2019 年，十大流域中松花江、西北内陆河、东南诸河流域、黄河流域和辽河流域地表水资源量较常年(1981—2010 年)偏多；淮河、西南诸河和海河流域较常年值偏少；长江流域和珠江流域接近常年(图 3.2.4)。

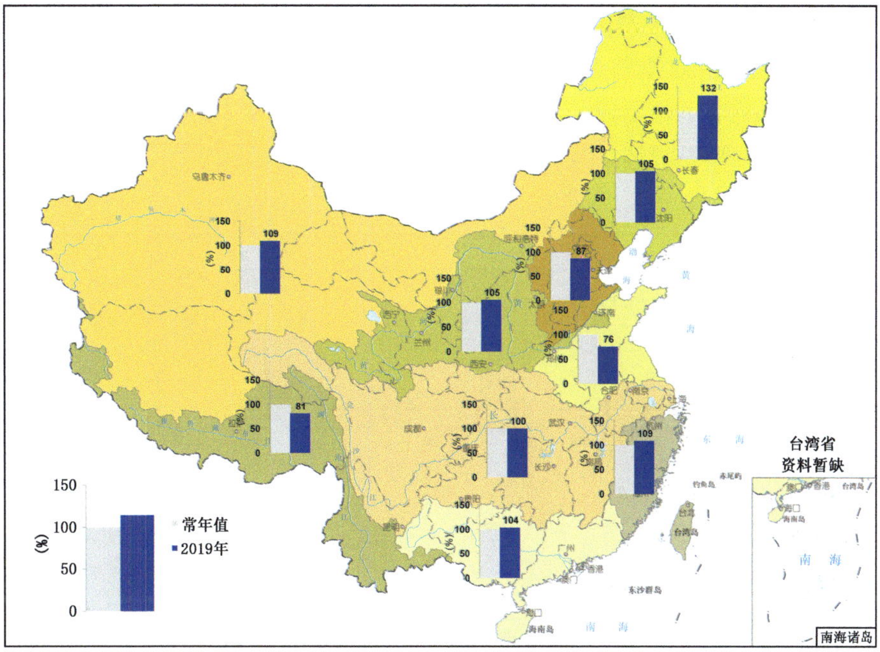

图 3.2.4　2019 年十大流域地表水资源量相当于常年百分比分布图

松花江流域地表水资源量 1350.5 亿立方米，较常年偏多 31.5%；西北内陆河流域 346.2 亿立方米，偏多 9.3%；东南诸河流域 1917.9 亿立方米，偏多 8.6%；黄河流域 505.1 亿立方米，偏多 5.0%；辽河流域 407.4 亿立方米，偏多 4.7%。淮河流域 610 亿立方米，偏少 23.4%；西南诸河流域 4204 亿立方米，偏少 19.1%；海河流域 99.4 亿立方米，偏少 12.8%。长江流域 10,367.6 亿立方米和珠江流域 4668.7 亿立方米，接近常年同期。

三、对水资源影响

1. 4—6 月，云南遭遇严重春夏连旱，水资源受影响

4—6 月，云南平均降水量较常年同期偏少 43.1%，为 1961 年以来历史同期最少；全省平均气温偏高 1.9℃，为历史同期最高。雨少温高导致云南大部发生严重干旱，气象干旱范围和强度为近 20 年同期最强，造成部分河道断流、水库干涸，逾 30 万人饮水困难，春耕生产和人民生活受到影响。

2. 7 月下旬至 11 月中旬，长江中下游地区遭遇严重伏秋连旱，区域水资源短缺

7 月下旬至 11 月中旬，鄂湘赣苏皖浙闽 7 省平均降水量 246.2 毫米，较常年同期偏少 4 成，为 1961 年以来历史同期最少；平均气温较常年同期偏高 1.4℃，为历史同期最高。长时间雨少温高导致长江中下游地区发生严重伏秋连旱，尤其是 9 月至 10 月上旬，气象干旱迅速发展，10 月 4 日中度及以上气象干旱面积达 90.1 万平方千米。持续性伏秋连旱造成旱区部分江河湖库水位明显下降，鄱阳湖水域面积比常年同期偏少 5 成，提前进入枯水期。

3. 全国年降水量偏多有利于大部分水库蓄水

通过对 75 个大 1 型水库（个别为大 2 型（1 亿～10 亿立方米））上游流域年降水量的统计分析表明，全国有 48%的水库上游流域平均年降水量较常年偏多，浙江、新疆、西藏、陕西、青海、宁夏、贵州、甘肃、福建、北京的全部及四川、山西、内蒙古、辽宁、江西、吉林、湖南、湖北、黑龙江、河北、广西、广东、安徽等省（区）部分水库较常年偏多，对水库蓄水有利；其余 52%的水库上游流域平均年降水量较常年偏少，包括重庆、云南、天津、山西、山东、江苏、河南的全部水库及四川、内蒙古、辽宁、江西、吉林、湖南、湖北、黑龙江、河北、广西、广东、安徽的部分水库（图 3.2.5）。

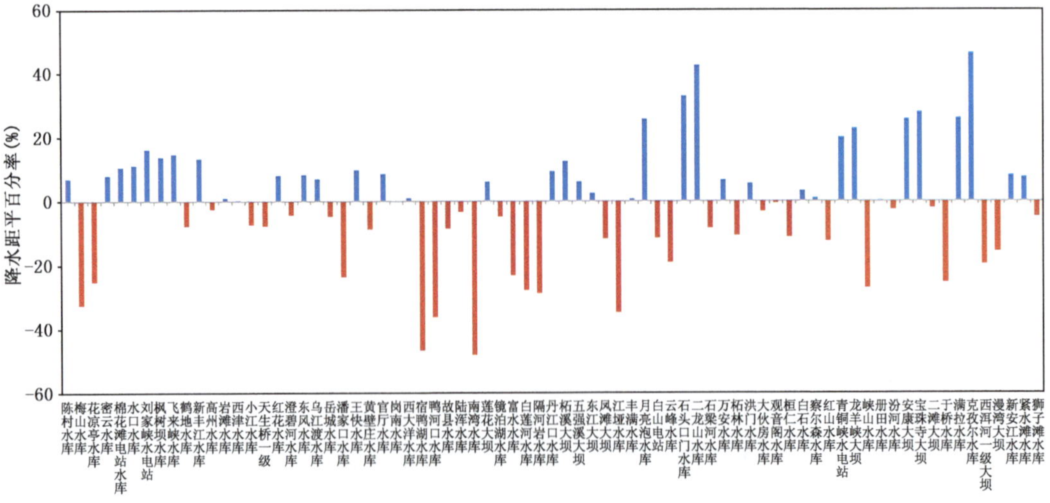

图 3.2.5　2019 年 75 座大 1 型水库年降水量距平百分率

第三节 气候对生态的影响

2019 年植被生长季(5—9 月),全国平均气温 19.66℃,较 2001—2010 年同期偏高 0.14℃。新疆南部部分地区、黑龙江西南部和东北部、甘肃南部部分地区、陕西西部、四川东部、贵州北部等地气温偏低 0.5～1.0℃,局地 1℃以上;华北东南部、黄淮大部及新疆北部部分地区、吉林东部、辽宁中南部、西藏中部、四川西南部、云南、海南等地气温偏高 0.5～1.0℃,其中河北南部、山东大部、河南东部、云南东部等地偏高 1℃以上;全国其余地区气温接近 2001—2010 年同期(图 3.3.1(a))。

2019 年植被生长季,全国平均降水量 468.7 毫米,较 2001—2010 年同期偏多 3.0%。黄淮大部、江淮、江汉及新疆西部和中东部部分地区、内蒙古中部部分地区、河北南部、云南南部等地降水量偏少 2～5 成,局部地区偏少 5 成以上;东北大部及新疆中南部、内蒙古西部和东北部部分地区、甘肃大部、宁夏、四川北部、浙江、福建西北部、江西中部等地偏多 2～5 成,其中新疆中南部、甘肃西北部、内蒙古西部、黑龙江大部、吉林中部、辽宁中北部等地偏多 5 成至 1 倍,局部地区 1 倍以上;全国其余地区降水量接近 2001—2010 年同期(图 3.3.1(b))。

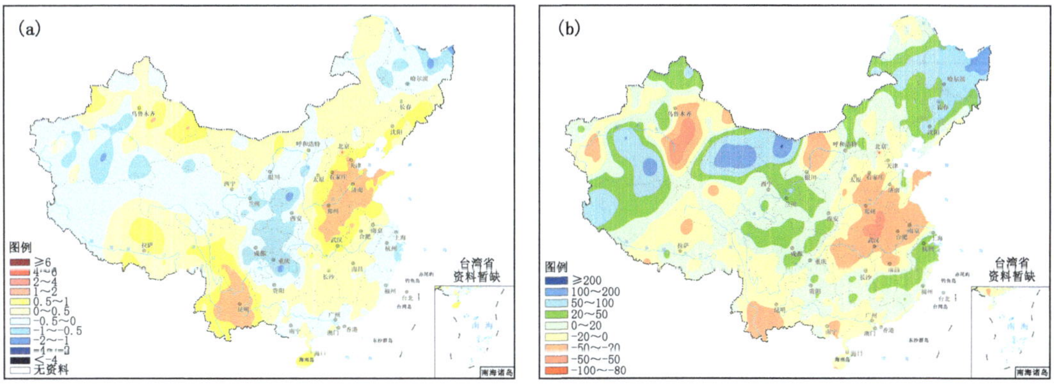

图 3.3.1 2019 年植被生长季(5—9 月)全国平均气温距平(a,单位:℃)与全国降水量距平百分率(b,单位:%)分布图

从整个植被生长季来看,东北大部、西北东部、西南东部、江南南部和东部及内蒙古东北部等地降水量较 2001—2010 年同期偏多,有利于植被生长;黄淮、江淮、江汉及云南等地降水量较 2001—2010 年同期偏少,不利于植被生长。从单个月份降水条件来看,6 月,华北东部、华南南部及内蒙古东北部、山东、四川南部、云南等地降水量较 2001—2010 年同期偏少 2～5 成及以上,不利于植被生长;7 月,华北南部、黄淮、江淮、江汉及内蒙古东南部、吉林南部、辽宁东部、湖北北部等地降水量偏少 2～5 成及以上,不利于植被生长;8 月,江汉、江南及河北南部、河南南部、四川东部、贵州南部、云南西南部等地降水量较 2001—2010 年同期偏少 2～5 成及以上,不利于植被生长。此外,2019 年 7 月中下旬至 8 月底,西北地区东南部、华北、黄淮、江淮、江汉、江南、华南、西南东部等地气温异常偏高,发生区域性极端高温事件,不利于植被生长。

MODIS 增强型植被指数(EVI)监测显示:2019 年 5—9 月,秦岭及淮河以南大部地区、东北大部、华北大部、黄淮大部及内蒙古东北部植被覆盖较好或好；西北大部、青藏高原北部和西部及内蒙古中西部等地植被覆盖较差（图 3.3.2(a)）。与 2001—2010 年同期相比，东北中西部、华北西部和北部、西北东部、西南东部、江南中南部、华南中东部及内蒙古东部等地植被长势偏好；河北南部和东南部、天津中南部、山西东南部、山东北部、河南东部和北部、江苏中南部、浙江北部和东南部、安徽东南部、江西中北部、湖北东南部、湖南中北部、云南东南部及西藏东南部等地植被长势偏差；全国其余地区植被长势与 2001—2010 年同期平均相当（图 3.3.2(b)）。

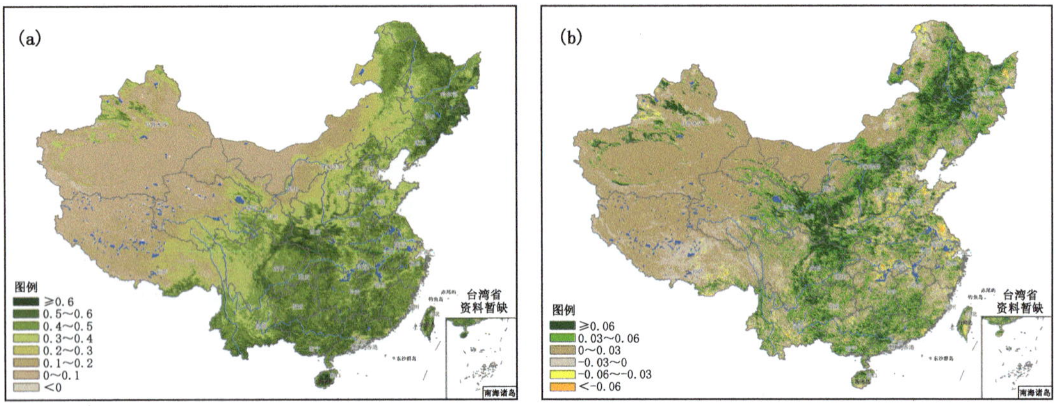

图 3.3.2　2019 年植被生长季（5—9 月）全国植被指数(a)与植被指数差异（2019 年植被生长季与 2001—2010 年同期平均水平之差）(b)分布图

第四节　气候对大气环境的影响

2019 年，东北大部、华北北部及内蒙古、山东半岛东部、青海南部、西藏中部、四川西北部和南部、云南东部、海南等地大气对污染物的清除能力较强；新疆西部局地大气对污染物的清除能力较差；全国其余大部地区大气对污染物的清除能力一般。京津冀、长三角、珠三角、汾渭平原地区的平均大气自净能力指数均低于常年，低自净能力日数多于常年。年内 1 月、2 月、10 月、11 月、12 月，京津冀及周边“2+26”城市共有 5 次大范围重度污染过程。其中 1 月 11—14 日过程的影响范围和污染强度位列年度第一，较低的大气自净能力和较高的相对湿度是此次过程发生和持续的主要因素之一；12 月 21—25 日过程的气象条件总体较为不利，但污染影响范围和强度较其他 4 次过程偏轻，一定程度上说明减排措施对大气环境净化起到了一定的积极效果。

一、基本特征

1. 1961 年以来全国大气自净能力变化

1961—2019 年，全国大气污染防控重点地区的京津冀、长三角、珠三角和汾渭平原年平均大气自净能力指数呈下降趋势，低自净能力日数（大气自净能力指数低于 1.4 吨/(天・千米^2)）呈上升趋势（表 3.4.1 和图 3.4.1）。其中，珠三角地区 2000 年以前大气自净能力指数和低自净能力日数变化不明显，但 2000—2019 年大气自净能力指数以 0.04 吨/(天・千米^2・年)速率下降，低自净能力日数以 3.2 天/年速度增加。

表 3.4.1　2019 年大气污染防控重点地区大气自净能力和低自净能力日数变化特征

地区	大气自净能力指数		低自净能力日数	
	变化速率（吨/(天·千米²·10 年)）	距平百分率(%)（2019 年相对 1981—2010 年）	变化速率（天/10 年）	距平百分率(%)（2019 年相对 1981—2010 年）
京津冀	−0.3	−18.4	7.5	44.1
长三角	−0.3	−17.9	6.9	34.8
珠三角	−0.2	−15.2	8.7	50.3
汾渭平原	−0.3	−8.6	6.2	6.8

2. 2019 年全国大气自净能力特征

大气自净能力反映大气对污染物的通风扩散和降水清除能力。2019 年，东北大部、华北北部及内蒙古、山东半岛东部、青海南部、西藏中部、四川西北部和南部、云南东部、海南等地的大气自净能力指数在 4.5 吨/(天·千米²)以上，大气对污染物的清除能力较强；新疆西部局地大气自净能力指数小于 2.5 吨/(天·千米²)，大气对污染物的清除能力较差；全国其余大部地区为 2.5～4.5 吨/(天·千米²)，大气对污染物的清除能力一般(图 3.4.2)。

低自净能力日数较多代表该地区大气对污染物的清除能力较差的日数偏多。2019 年，西南东部、江南大部、江汉、江淮东部和西部、黄淮大部、华南东南部以及河北中南部、新疆大部等地低自净能力日数一般多于 90 天，局部大于 120 天，大气对污染物的清除能力较差的日数偏多；平均大气自净能力指数在 4.5 吨/(天·千米²)以上的地区低自净能力日数一般少于 60 天，其他地区在 60～90 天(图 3.4.3)。与常年同期相比，我国东北中西部、华北中东部、黄淮大部、江淮东部、、浙江东南部、福建南部、广东中部、江西西南部、湖南中北和西南部、贵州大部、云南西南部、新疆西北部和东南部、青海中北部、宁夏大部以及陕西南部等地的低自净能力日数偏多 5 天以上，其中北京、河北南部、山东大部、江苏大部、浙江南部、湖南大部、贵州大部、云南西南部、海南大部、福建西南部、广东中南部等地偏多 10～20 天，局部地区偏多 20 天以上，上述地区大气对污染物的清除能力相对较差(图 3.4.4)。

二、典型事件分析

2019 年 1—2 月以及 10—12 月京津冀及周边“2＋26”城市发生区域重污染过程 5 次，其中 1 月 2—8 日和 2 月 19—27 日两次过程持续时间较长，但从影响范围和污染强度来看，1 月 11—14 日过程大气污染最为严重。1 月 11—14 日过程持续 4 天，区域过程平均 AQI 达到 246，每日均有 20 个以上城市 AQI 在 200 以上，石家庄和保定的 AQI 均连续 4 天在 300 以上。从气象条件来看，此次过程平均大气自净能力指数低，低自净能力日数最长持续 2 天，平均相对湿度高达 75%，且混合层高度较近 10 年月均值明显偏低 22.4%。较差的扩散和湿沉降气象条件不利于大气中污染物的清除，较高的相对湿度有利于 $PM_{2.5}$ 的二次化学转化，进而造成此次区域性重污染过程的发生和持续。1 月 2—8 日过程持续 7 天，其中 1 月 6—7 日两天大气自净能力指数分别为 0.8 吨/(天·千米²)和 0.95 吨/(天·千米²)，持续的极端不利清除的气象条件是造成此次污染过程较为严重的主要因素之一，8 日受冷空气影响，大气自净能力指数增至 2.8 吨/(天·千米²)，有利于污染物的消散。2 月 19—27 日过程持续 9 天，连续 5 天超过

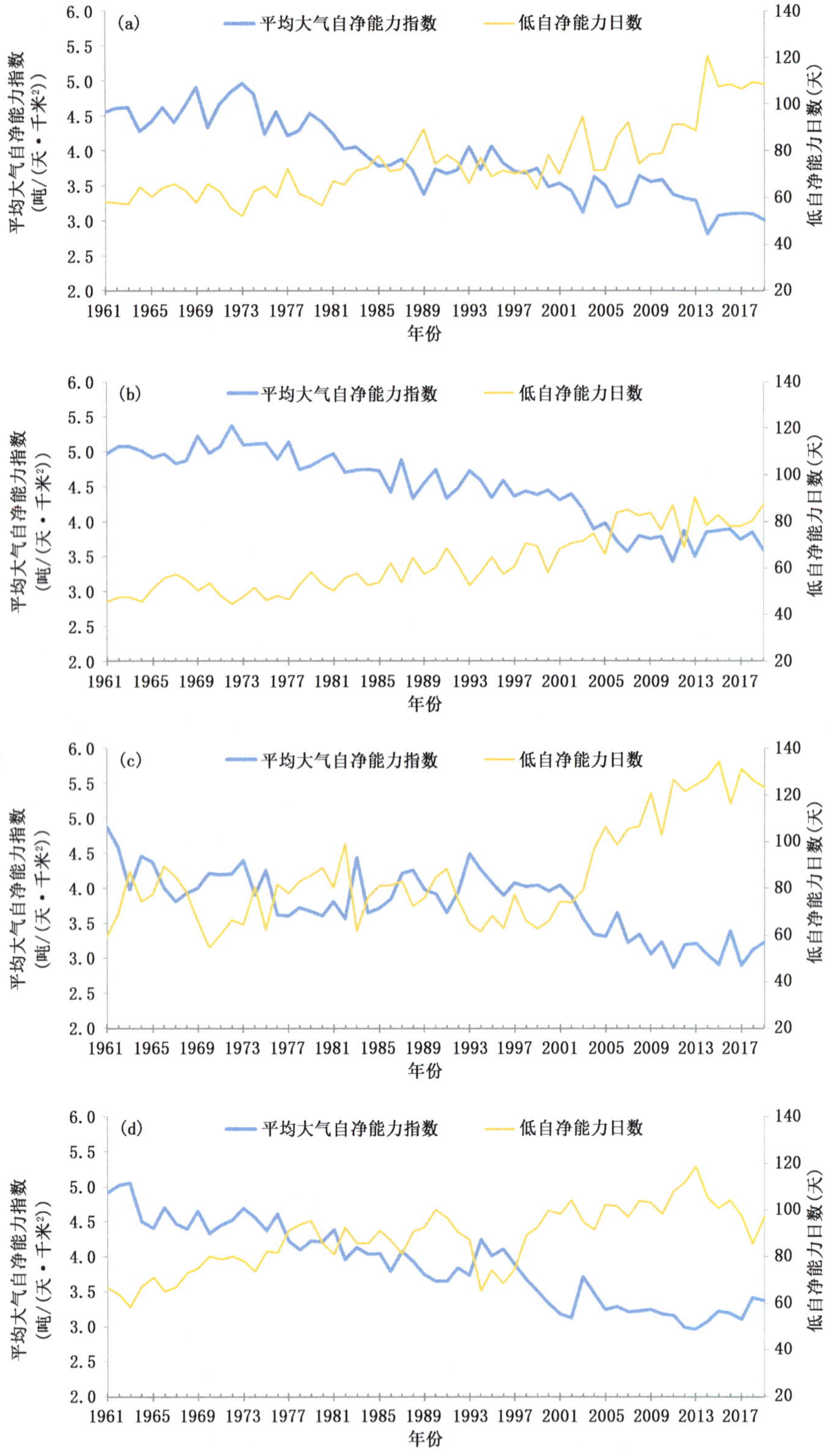

图 3.4.1 1961—2019 年京津冀(a)、长三角(b)、珠三角(c)和汾渭平原(d)地区年平均大气自净能力和低自净能力日数历年变化

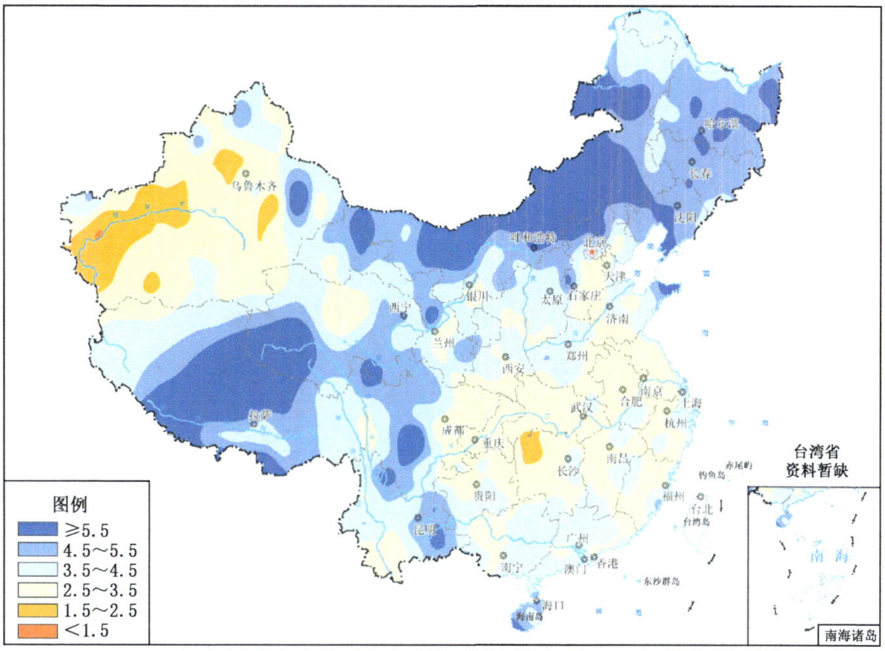

图 3.4.2　2019 年全国年平均大气自净能力指数分布图(单位:吨/(天·平方千米))

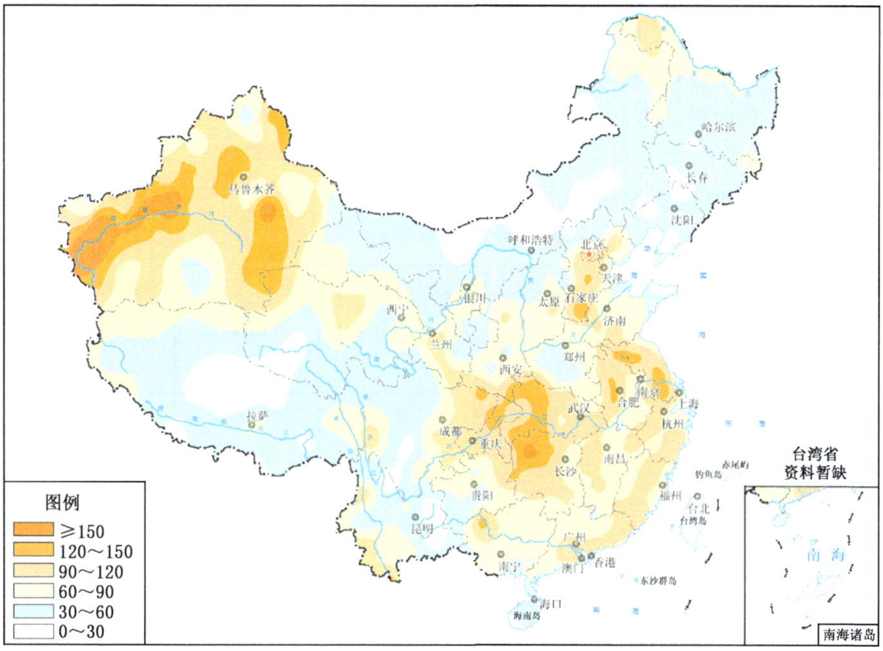

图 3.4.3　2019 年全国年低自净能力日数分布图(单位:天)

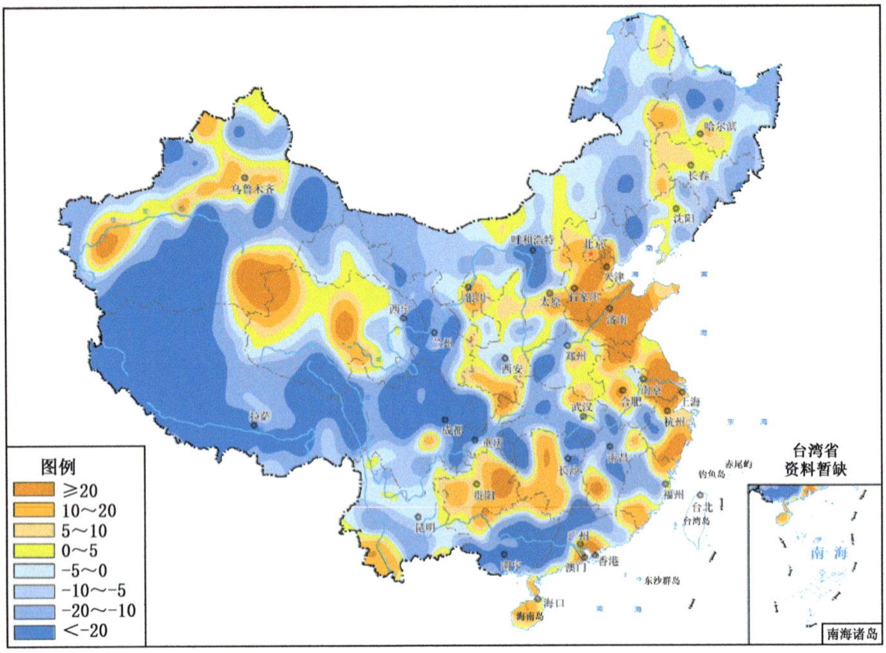

图 3.4.4　2019 年全国年低自净能力日数距平分布图(相对 1981—2010 年平均值)(单位:天)

15 个城市的 AQI 达 200 以上,此次过程平均大气自净能力指数较低,相对湿度较高,气象条件较不利于大气中污染物的清除,但相关气象要素的平均和极端情况较前述 2 次过程的影响均较轻。12 月 21—25 日过程中连续 2 天大气自净能力指数低于 1.4 吨/(天·千米^2),过程相对湿度超过 80%,混合层高度较近 10 年月均值明显偏低 29.2%,气象条件总体不利于污染物的清除,但此次过程的最大影响范围、污染强度均较前 4 次过程较轻,在一定程度上说明污染排放控制措施的效果较为显著(表 3.4.2)。

表 3.4.2　2019 年 1—2 月、10—12 月京津冀及周边"2+26"城市区域重污染过程气象条件

重污染过程	持续时间(天)	平均大气自净能力指数(吨/(天·千米^2))	最长连续低自净能力日数(天)	平均相对湿度(%)	混合层高度距平百分率(相对 2010—2019 年当月均值)(%)
1 月 2—8 日	7	1.8	2.0	51.6	−15.1
1 月 11—14 日	4	1.3	2.0	75.0	−22.4
2 月 19—27 日	9	1.8	0.0	60.7	−3.5
12 月 7—10 日	4	2.3	1.0	76.9	−6.7
12 月 21—25 日	5	1.5	2.0	80.2	−29.2

注:过程定义为时段内京津冀及周边"2+26"城市某日有 5 个及以上城市 AQI≥200 即为过程开始,AQI≥200 的城市少于 5 个为结束,过程持续 3 天及以上。

第五节 气候对能源需求的影响

2018/2019 年冬季采暖季，北方冬季平均气温较常年同期偏高，采暖度日较常年同期偏少，采暖需求减少；北方大部采暖初日较常年略偏晚，采暖结束日期较常年偏早，平均采暖期长度比常年偏少 7 天。北方 15 省(区、市)中，黑龙江、吉林、辽宁等 7 省(区、市)冬季平均气温较常年同期偏高，采暖耗能降幅为 3%～14%；新疆、宁夏、甘肃、河南等 8 省(区、市)冬季平均气温偏低，其中，河南、新疆、甘肃采暖耗能增幅为 4%～10%。2019 年夏季，全国大部地区气温较常年同期偏高，降温耗能相应也较常年同期偏高。

一、气候对北方冬季采暖耗能影响

1. 采暖季气温

2019 年采暖季(2018 年 11 月至 2019 年 3 月)，北方地区平均气温为 −3.7℃，较常年(1981—2010 年)同期偏高 0.8℃，较 2018 年偏低 0.4℃(图 3.5.1)。1961—2019 年采暖季北方地区的平均气温整体呈上升趋势，上升速率约为 0.03℃/年。

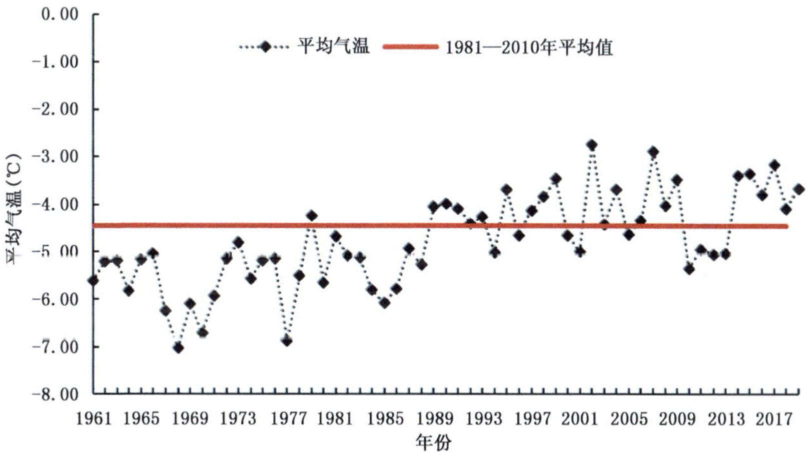

图 3.5.1 1961—2019 年采暖季(11 月至次年 3 月)北方地区平均气温变化

2. 采暖期长度及采暖度日

(1)采暖初日和终日

2019 年我国北方主要城市中，呼和浩特、长春两地采暖初日较常年偏晚 6～7 天，西宁、太原、兰州等地采暖初日提前 4～7 天；大部分城市采暖结束日期较常年偏早，其中银川、太原、兰州、天津、北京等地采暖结束日期提前 11～16 天；大部分城市采暖期也相应缩短，其中北京、天津、石家庄采暖期缩短 13～15 天(表 3.5.1)。

表 3.5.1　2018/2019 年北方省会城市采暖初、终日期和采暖长度及距平(单位:天)

站点	初日(年-月-日)	初日距平	终日(年-月-日)	终日距平	采暖期长度	采暖期长度距平
哈尔滨	2018-10-27	2.6	2019-04-10	−0.2	166	−2.9
乌鲁木齐	2018-10-30	−0.7	2019-03-24	−7.5	146	−6.8
西宁	2018-10-21	−3.8	2019-03-26	−8.5	157	−4.8
兰州	2018-11-04	−7.4	2019-03-02	−13.6	119	−6.2
呼和浩特	2018-11-04	7.4	2019-04-01	−0.7	149	−8.1
银川	2018-11-04	−3.2	2019-03-11	−11.1	128	−7.8
石家庄	2018-11-25	3.7	2019-02-24	−9.4	92	−13.1
太原	2018-11-06	−4.5	2019-03-09	−11.9	124	−7.4
长春	2018-11-04	6.5	2019-04-09	1.1	157	−5.4
沈阳	2018-11-04	−1.2	2019-04-03	2.1	151	3.2
北京	2018-11-16	−1.0	2019-02-25	−15.9	102	−15.0
天津	2018-11-21	3.0	2019-02-27	−15.3	99	−18.3
济南	2018-12-04	2.3	2019-02-22	−2.2	81	−4.5
郑州	2018-12-05	0.9	2019-02-24	0.1	82	−0.8
北方平均	—	—	—	—	125.2	−7.0

注:初、终日距平负值表示日期提前,正值表示日期推迟;采暖长度距平负值表示缩短,正值表示延长。

(2)采暖期长度

2019 年,北方大部地区由于采暖初日偏晚、采暖终日偏早,导致平均采暖期长度偏短(表 3.5.1)。北方地区平均采暖期长度为 125 天,较常年少 7 天。哈尔滨、长春、西宁、沈阳等采暖期较长地区,依然较常年同期有所缩短,长度在 150～166 天。1961—2019 年北方地区平均采暖期长度变化显示,1961—1995 年北方地区平均采暖期长度较长,1996—2019 年北方地区平均采暖期长度呈波动缩短趋势,较常年平均长度偏短(图 3.5.2)。

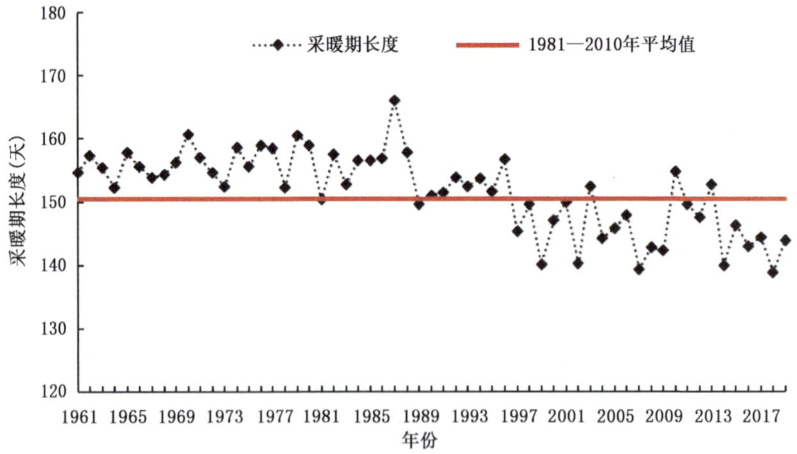

图 3.5.2　1961—2019 年北方地区平均采暖期长度变化

(3)采暖期度日

2019 年,北方地区采暖季平均气温偏高、采暖期偏短,采暖需求减少。2019 年北方地区采暖期度日总量为 1432.5℃·天,较常年偏少 105.1℃·天(图 3.5.3)。1961—2019 年北方地区采暖期度日总量变化显示,1961—1988 年采暖期度日总量较高,1989—1993 年采暖期度日显著降低,1994—2019 年采暖期度日数波动较大,近 5 年采暖期度日数均在常年值以下。

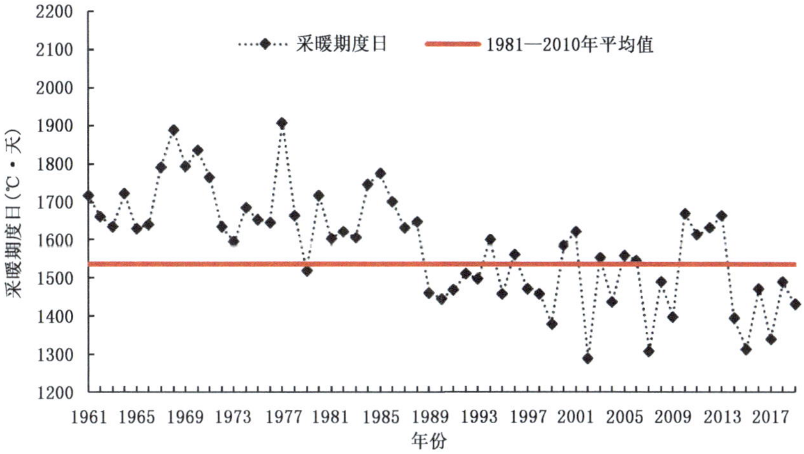

图 3.5.3　1961—2019 年北方地区采暖期度日总量变化

3. 温度变化对北方冬季采暖影响评价

(1)单站采暖耗能

表 3.5.2 显示,2018 年 12 月,北方省会城市哈尔滨、长春气温较常年同期偏高 0.8～1.2℃,其余十多个城市气温偏低 0.2～3.1℃;随之,哈尔滨、长春采暖耗能减幅为 3.6%～5.3%,其他城市采暖耗能均增加,石家庄增幅高达 34.9%。2019 年 1 月,北方省会城市气温均较常年同期偏高;其中,天津、沈阳、哈尔滨、长春偏高 2.0～4.8℃,采暖耗能减幅为 17.9%～23.2%。2019 年 2 月,哈尔滨、长春、银川、兰州、沈阳、西宁气温较常年同期偏高 0.4～3.0℃,采暖耗能降低 4.7%～16.3%;其他城市气温较常年同期偏低 0.2～1.6℃,采暖耗能增加 2.1%～28.8%。从 2019 年冬季主采暖期来看,北方地区省会城市中哈尔滨、长春、沈阳、兰州气温较常年偏高 0.4～2.9℃,采暖耗能降幅为 5.7%～13.9%;石家庄等城市气温偏低,采暖耗能增加 0.4%～14.5%。

表 3.5.2　2018/2019 年冬季北方部分站点月气温距平(℃)和采暖耗能变率(%)

站点	12 月		1 月		2 月		主采暖期	
	气温距平	耗能变率	气温距平	耗能变率	气温距平	耗能变率	气温距平	耗能变率
哈尔滨	1.25	−5.33	4.34	−17.94	3.03	−16.34	2.87	−13.20
乌鲁木齐	−3.10	19.03	0.81	−4.34	−1.62	10.67	−1.30	8.45
西宁	−1.15	10.06	0.19	−1.18	0.41	−5.05	−0.18	1.28
兰州	−0.46	3.49	1.08	−10.04	0.65	−10.49	0.42	−5.68
呼和浩特	−3.00	18.91	1.11	−6.44	−1.42	11.17	−1.10	7.88

续表

站点	12月		1月		2月		主采暖期	
	气温距平	耗能变率	气温距平	耗能变率	气温距平	耗能变率	气温距平	耗能变率
银川	−2.05	17.78	0.47	−3.68	0.90	−10.24	−0.23	1.29
石家庄	−1.46	34.93	1.06	−13.44	−1.05	22.03	−0.48	14.51
太原	−1.13	9.84	0.25	−2.31	−0.31	3.94	−0.40	3.82
长春	0.79	−3.56	4.80	−23.19	2.28	−14.91	2.62	−13.89
沈阳	0.00	0.30	3.58	−21.74	0.54	−4.66	1.37	−8.70
北京	−1.39	19.78	1.45	−15.97	−0.92	15.76	−0.29	6.52
天津	−0.60	8.21	1.95	−21.88	−0.17	2.06	0.39	−3.87
济南	−0.76	—	1.09	−15.28	−0.64	16.41	−0.10	0.38
郑州	−0.15	—	0.92	−17.69	−1.04	28.76	−0.09	3.69

注:“—”表示数据缺失。

(2)区域采暖耗能

北方15省(区、市)冬季采暖耗能评估结果显示(图3.5.4),黑龙江、吉林、辽宁等7省(区、市)冬季平均气温较常年同期偏高,采暖耗能较常年同期减少3%~14%;新疆、宁夏、甘肃、河南等8省(区、市)冬季平均气温偏低,其中有7省(区、市)采暖耗能较常年同期增加,河南、新疆、甘肃增幅较大,为4%~10%。

从冬季各月来看,2018年12月,黑龙江、青海、吉林平均气温较常年同期偏高0.6~1.9℃,采暖耗能减少3%~8%;其余12个省(区、市)气温偏低,采暖耗能增加,其中新疆、宁夏、北京、甘肃增加13%~21%。2019年1月,北方15省(区、市)平均气温均较常年同期偏高,采暖耗能普遍减少,其中黑龙江、吉林、辽宁、天津平均气温偏高1.9~4.7℃,采暖耗能减幅达18%~23%。2月,黑龙江、吉林、青海平均气温偏高1.7~3.3℃,采暖耗能减幅为13%~16%;河南、北京、河北平均气温偏低0.7~1.4℃,采暖耗能增幅超过10%,其中河南达44%。

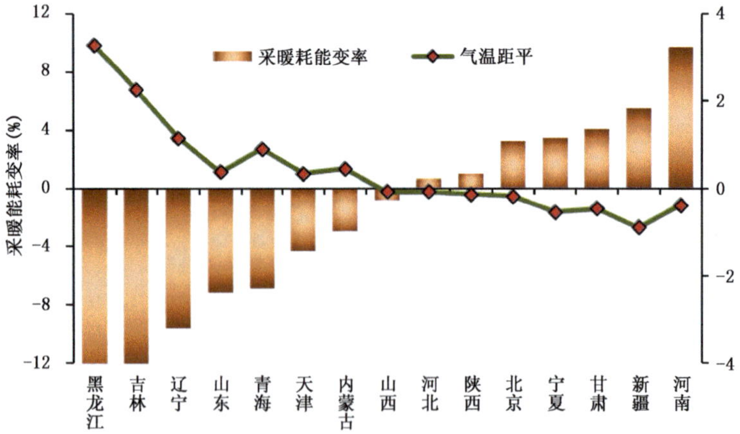

图3.5.4 2018/2019年冬季北方15省(区、市)采暖耗能变率和气温距平变化

二、气候对夏季降温耗能的影响

2019 年夏季，全国大部地区气温较常年同期偏高，降温耗能相应也增加。据统计，2019 年夏季全国用电量为 19429 亿千瓦时，同比增长 4.1%，其中 6 月、7 月和 8 月用电量分别较 2018 年同期增长 5.5%、2.7%和 3.6%。

6 月，太原、郑州、天津、济南、北京、石家庄等地气温较常年同期明显偏高，降温耗能增幅达 60%以上，其中太原降温耗能增加 2 倍；东北大部气温接近常年或偏低，哈尔滨、长春、沈阳降温耗能减幅为 41%～84%；其余地区降温耗能变化幅度介于－21%～44%。7 月，太原、长春、乌鲁木齐、沈阳、郑州等地平均气温较常年同期偏高 1.3～2.7℃，降温耗能偏高 89%～144%；呼和浩特和贵阳平均气温偏低明显，其降温耗能分别减少 107%和 77%；其余地区降温耗能变化幅度介于－35%～57%(图 3.5.5)。8 月，大部分城市平均气温偏高造成降温耗能增加，乌鲁木齐、银川、太原、郑州、南昌等地气温偏高 1.0～2.6℃，降温耗能增加 64%～150%；呼和浩特、哈尔滨气温分别偏低 1.3℃、0.9℃，降温耗能减幅分别为 150%、77%；其余地区降温耗能变化幅度介于－40%～53%之间。

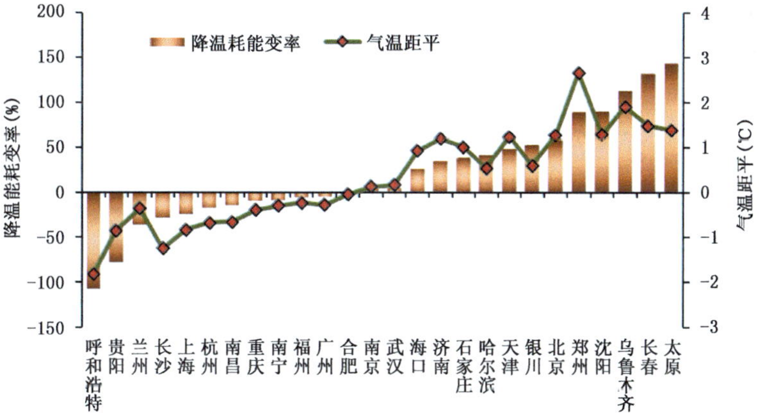

图 3.5.5　2019 年 7 月主要城市降温耗能变率和气温距平变化

第六节　气候对人体健康的影响

2019 年，全国平均舒适日数 132.0 天，接近常年。除冬季舒适日数较常年同期偏少 5.4 天外，其他 3 个季节较常年同期接近或偏多，其中春季和秋季分别偏多 1.4 天和 2.2 天。

一、舒适日数基本特征

1. 年舒适日数

2019 年，全国平均舒适日数 132.0 天，接近常年(132.9 天)(图 3.6.1)。全国大部地区年舒适日数接近常年或偏少，其中新疆中西部、西藏中南部和东北部、四川中部、甘肃南部、陕西中部、河南西部和北部、湖北中部、湖南西北部、海南、广西中部、贵州中部等地偏少 10～20 天，局部超过 20 天；江淮东部、江南东部及甘肃西北部、内蒙古西部和中部、宁夏北部、青海中部和西北部、山东东南部、江西中部、贵州西南部、四川南部、云南北部等地偏多 10～20 天，局部超过 20 天(图 3.6.2)。

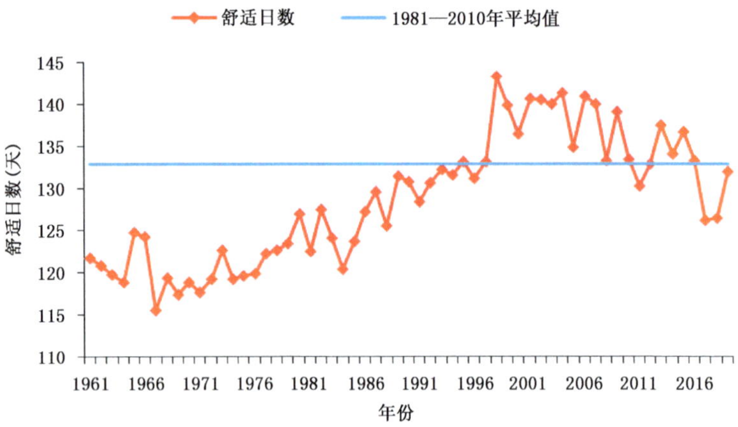

图 3.6.1　1961—2019 年全国平均年舒适日数历年变化

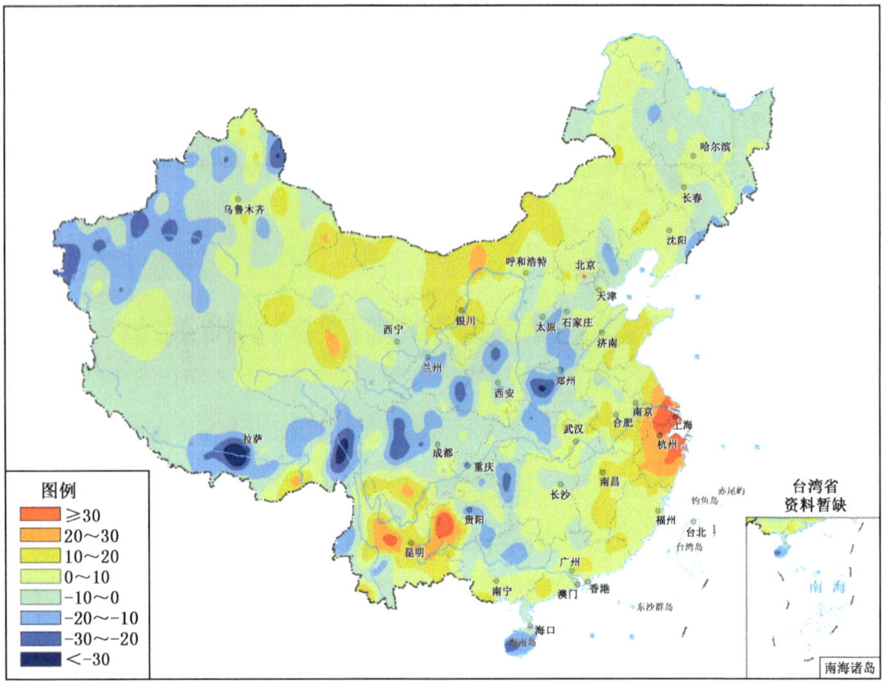

图 3.6.2　2019 年全国年舒适日数距平分布图(单位:天)

2. 四季舒适日数

(1)冬季舒适日数较常年同期偏少

2018/2019 年冬季，全国平均舒适日数有 19.6 天，较常年同期(25.1 天)偏少 5.4 天。全国大部地区舒适日数接近常年同期或偏少，其中西北西部和东部、华北西部和东北部、黄淮西部、江汉大部、江南西部和中北部、华南中北部及四川北部、贵州中东部、西藏东部等地偏少 5

～20 天，局部偏少 20 天以上；云南北部和东部、贵州西南部、浙江东部、江苏东部、安徽西北部、河南东部、山东中部等地偏多 5～20 天，局部超过 20 天。

(2)春季舒适日数较常年同期偏多

2019 年春季，全国平均舒适日数有 29.3 天，较常年同期(27.9 天)偏多 1.4 天。除重庆东南部、海南等地舒适日数偏少 5～20 天外，全国其余大部地区舒适日数接近常年同期或偏多，其中黄淮大部、江淮大部、江汉东部及浙江东北部、贵州西南部、云南东部和中北部、四川南部、新疆南部等地偏多 5～20 天。

(3)夏季舒适日数较常年同期偏少

2019 年夏季，全国平均舒适日数有 49.7 天，接近常年同期(50 天)。东北中部、黄淮大部、江汉东部、江淮大部及贵州东南部、云南中西部等地舒适日数偏少 5～20 天；新疆东北部、青海西北部、重庆南部、四川西部、西藏东南部等地偏多 5～10 天，局部偏多 10～20 天；全国其余大部分地区舒适日数接近常年同期。

(4)秋季舒适日数较常年同期偏少

2019 年秋季，全国平均舒适日数有 32.1 天，较常年同期(29.9 天)偏多 2.2 天。全国大部分地区舒适日数接近常年同期或偏多，其中黄淮中部、江淮大部、江汉东部、江南东北部及新疆东北部、甘肃北部、内蒙古大部、宁夏北部、河北西北部、辽宁北部、吉林西部、云南中部等地偏多 5～10 天，局部超过 10 天；河南西部、四川东北部、重庆大部等地偏少 5～10 天。

二、气候对人体健康的影响

冬春季，大部地区受雾霾、冷暖空气交替等因素影响，部分呼吸系统疾病患者增多。2019 年 1 月 2—8 日和 11—15 日华北黄淮东北等地霾天气过程造成呼吸道疾病患者增多。2019 年 1—2 月，南方出现长时间低温阴雨寡照天气，部分地区气温较常年同期偏低、降水日数偏多、日照时数偏少，对人体健康造成不利影响。

持续高温天气对人体健康产生一定影响。2019 年武汉市高温中暑报告病例为 572 例，重症中暑 197 例，轻症中暑 375 例。7 月 29 日，浙江绍兴高温中暑病例报告信息系统报告高温中暑病例 205 例，其中重症中暑病例 22 例；最近一周，中暑病例达 77 例，重症 8 例。7 月、8 月，我国中东部地区的医院因高温致热射病、热伤风和肠胃炎患者急剧增长。高温天气致热射病高发，致南昌市一周有 24 人紧急送医，北京、安徽、江西、湖南、广东也均出现热射病病例。

第七节 气候对交通的影响

一、气候对交通运营的影响

2019 年，全国大部分地区交通运营不利日数(10 毫米以上降水、雪、冻雨、雾及扬沙、沙尘暴、大风天气日数)有 20～60 天，其中江南大部、华南大部、西南东部以及江苏中部、新疆南部等地超过 60 天(图 3.7.1)。

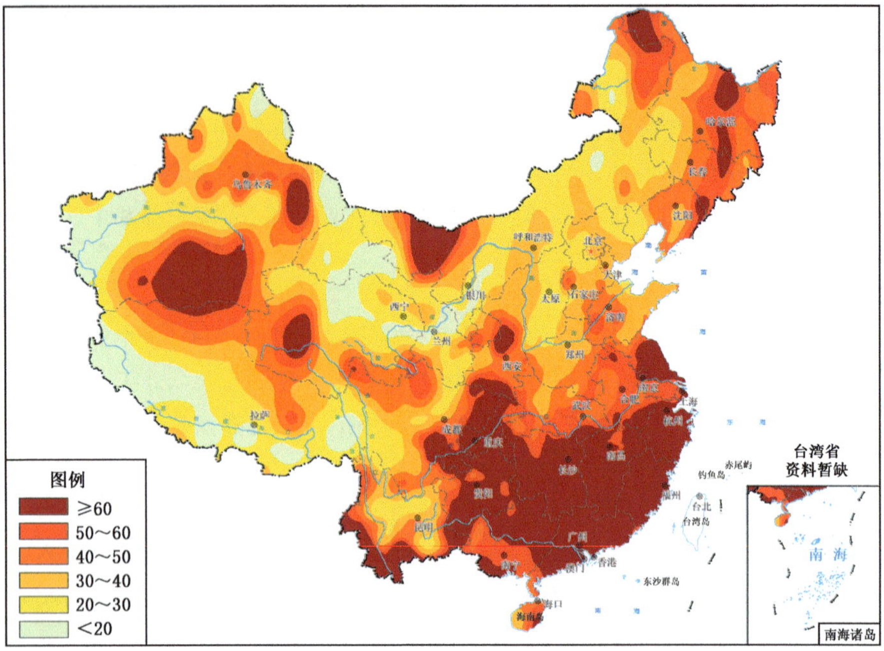

图 3.7.1　2019 年全国交通运营不利日数分布图(单位:天)

交通运营不利日数与常年相比,中东部大部地区偏多 10 天以上,东北东部、黄淮中部、江淮东部、江南西南部、华南中北部、西南东部以及陕西中南部、新疆中部等地偏多 20 天以上;新疆西部、西藏大部、四川西部、云南中部和东北部、甘肃大部以及内蒙古中西部等地较常年同期偏少,局部地区偏少 20 天以上(图 3.7.2)。

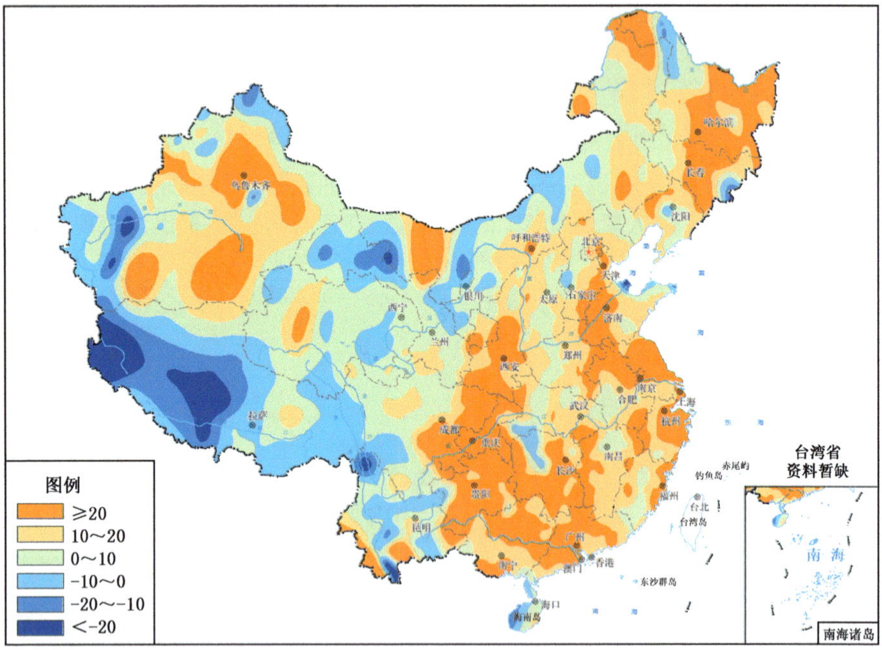

图 3.7.2　2019 年全国交通运营不利日数距平分布图(单位:天)

二、气候对交通影响事例

2019年，降雪、暴雨洪涝及其次生灾害、台风、大雾等不利天气给公路、铁路和航运及航空运输等造成较大影响。

1. 雾

1月10—15日，雾霾侵袭我国华北、黄淮和东北多地。10日22时起因大雾天气影响，西安部分高速路段实施交通管制，并出现车辆滞留情况。12日，河北大部地区出现大雾天气，石家庄、邢台等地出现能见度不足50米的强浓雾，河北省气象台发布级别最高的大雾红色预警信号。受大雾影响，12日河北省内高速公路大面积关闭。1月14日04时47分，江苏省发布大雾红色预警和霾橙色预警。江苏沿江及以北地区出现能见度小于200米的强浓雾，其中南京、扬州、镇江、泰州、南通、盐城、淮安、徐州、宿迁、连云港的部分地区能见度小于50米。受雾霾天气影响，14日江苏部分高速公路实行特级交通管制措施。

1月18日，受晴空辐射降温影响，湖北省内中东部地区18日早晨出现大雾天气，宜昌东部、荆门、随州、天门、潜江、仙桃、咸宁、武汉南部、黄石南部均出现能见度小于200米的天气。武汉中心气象台于18日05时14分发布了大雾橙色预警信号，受大雾影响18日湖北多处高速公路临时关闭。

2月24日，安徽省有61多个市县能见度低于500米，50个县市低于200米，局地不足50米，全省多条高速公路全封闭。

3月4日淮河以南、6日合肥以北、10日淮北东部及皖南山区出现大雾天气，分别有35个、34个及13个市县能见度不足200米(强浓雾)。受大雾影响，6日安徽省多条高速公路实行临时交通封闭，合肥机场进出港航班出现延误。

3月30日，安徽江北部分地区、江南大部出现大雾天气，30个市县能见度不足200米，砀山最低能见度52米，多条高速公路因大雾实行封闭管制。

10月23日08时，陕西境内出现能见度不足200米的大雾天气，受其影响，榆绥高速、榆靖高速、榆佳高速等多条高速公路收费暂时封闭。

10月29日，受冷空气频繁南下的影响，四川多地也迎来大雾天气。四川南充发布今秋首个大雾橙色预警信号，局地能见度不足500米，受其影响，南充境内多条高速公路入口关闭。

11月7日上午，榆林、咸阳等多地出现大雾天气，局地能见度不足500米。受其影响，陕西省部分高速公路收费站入口陆续封闭。

11月21日上午，受大雾天气影响，成都双流国际机场出现大面积航班延误。大雾造成86个出港航班积压、19个航班取消、8个航班备降外场，部分旅客被迫滞留机场。

2. 雨雪冰冻

1月8—11日，连续雨雪过程侵袭我国黄淮、江淮、江南等地。受其影响，1月8日，河南信阳遭受大雪，使得1月8—9日信阳境内高速公路多处交通管制或封闭，数百名旅客滞留。1月8—10日长三角大部发生强降雪，造成部分铁路列车停运，部分航班取消。

1月22日起，国道219线西藏仲巴县至普兰县区域普降大雪，最低气温接近−30℃。由于降雪、道路结冰，22日17时许，阿里地区普兰县巴嘎乡附近一辆载有7名游客的旅游车辆被困。国道219线阿里段马攸木拉山路段积雪厚度达30厘米，交通受阻。

2 月 14 日，北京市普降小雪，受降雪影响，首都机场取消航班 158 架次。同时加之国内多地也出现降雪天气，导致 14 日北京西站 G6713、G8907、G6711 次列车停运，G533、T168 次等多趟列车晚点。

2 月 18 日，怒江州片马地区进出的唯一通道“风雪丫口”被冰雪覆盖，致途经此地的 22 辆车共 156 人受困；28 日“风雪丫口”再次被冰雪阻断，致途经此地的 36 辆车共 147 人受困。

10 月 15 日，受冷空气带来的雨雪天气影响，甘肃兰州市西固区金沟乡道路积雪严重，深度可达 10 厘米，严重影响村民出行和车辆通行安全。

11 月 17 日夜晚至 18 日，牡丹江市迎来新一轮强降雪，降雪量达到暴雪，受本场强降雪影响，牡丹江境内高速公路全线封闭，牡丹江市公路客运全线停运，民航部分航班取消和延误。

11 月 29 日，大兴机场迎来今年首场降雪。19 时 10 分左右，降雪开始，11 月 30 日 04 时 10 分，大兴机场本场降雪结束，积雪厚度 1 厘米，导致 30 日凌晨取消航班 44 架次。

11 月 29—30 日，我国北方多个省份迎来大范围强降雪天气。受其影响，北京、天津、河北、山西、内蒙古、辽宁境内高速公路局部路段道路封闭。

3. 台风

受“利奇马”影响，8 月 9—12 日中国民航取消航班 5500 余班，另外还导致部分铁路停运、数十条高速公路全线封闭，多地公路受损，长江下游地区出现近年来罕见的大规模交通管制。

4. 降水和强对流

4 月 19 日，受珠三角区域持续强雷雨天气影响，深圳机场出港航班放行受限、速率变慢，部分航班出现不同程度延误和取消，各航空公司共取消进出港航班 110 班；惠州机场航班延误 6 班次，备降 4 班次，取消 1 班次。

4 月 20 日，成都双流国际机场遭遇雷暴天气，造成 50 架出港航班延误，1 架出港航班取消，9 架进港航班备降外场，部分旅客滞留机场。

4 月 30 日，受雷雨天气影响，南航取消在广州、深圳、珠海机场进出港的 42 个航班。

5 月 19 日，北京首都机场受阵风 9～10 级的大风天气影响，部分航班取消，截至 18 时 30 分，已备降外站航班 50 架次。受大风天气影响，呼和浩特白塔国际机场 25 班出港航班延误，22 架次进港航班受到影响，其中 1 架次进港航班返航北京，21 架次进港航班分别备降至石家庄、太原、包头、银川等机场。

5 月 22 日，受暴雨天气影响，鹰厦铁路华安至鹅山区间实行封锁，导致途经该区段的 K308、K178、Y576 次列车受困晚点。

5 月 26 日，受强雷雨和冰雹天气影响，截至 12 时 40 分，北京首都机场取消航班 111 架次，其中出港 54 架次，进港 57 架次，备降外站 23 架次。

5 月 27 日，受华南地区雷雨天气影响，截至 10 时，深圳航空取消珠三角地区 30 个进出港航班，截至 11 时，南方航空取消 5 月 27 日在广州、深圳、珠海机场进出港的 62 个航班。

10 月 7 日 15 时左右，受持续强降雨影响，G211 银川—榕江 K1303＋550 处，开州区满月镇（龙洞河）发生道路塌方，80 米路基被完全冲毁，开州区满月镇 1.1 万群众出行受阻。

10 月 10 日 05 时，受连日雨水天气的影响，位于紫阳隧道南口安康至四川方向 K1130＋800M 处路段发生山体滑坡灾害，导致该路段交通中断。

第四章　专题报告

第一节　基于信息扩散方法的中国台风灾害年月尺度风险评估

我国是世界上少数几个遭受台风影响最为严重的国家之一，台风灾害发生频次高，具有明显的地域性和季节性特征。直接经济损失是反映台风灾情损失严重程度的重要定量指标之一，也是救灾备灾、风险转移的重要参考。采用信息扩散模型等方法，进行全国及各省(区、市)年尺度和各月定量风险评估，拟为各地台风防灾减灾部署、合理应对措施制定、灾害风险转移等提供科学依据。

一、资料

1985—2014 年我国历次台风致灾过程及各省(区、市)台风灾情资料，致灾台风灾情影响包括：直接经济损失、死亡人口、农业受灾面积等。社会经济资料采用同期的各省(区、市)历年值统计数据，主要包括：国内及各省(区、市)地方生产总值(GDP)、居民消费者价格指数(CPI，上年=100)等。

二、方法

1. 直接经济损失价格折算及年、月值序列统计

为合理比较不同年份的直接经济损失，考虑年际间的价格变化影响，采用各省(区、市)年居民消费价格指数(CPI)，将直接经济损失统一折算为 2014 年价格进行分析。这里忽略了 CPI 月变化对折算价格的影响。价格折算后，进行 1985—2014 年全国及各省(区、市)历年月、年台风直接经济损失量的统计，如果当月或年无台风致灾，记录记为空(无影响)，在此基础上，开展年、月尺度特征分析评估。

2. 风险概率估计

各地台风月值和年值直接经济损失时间序列，在台风影响频繁的区域，资料样本较多，但在非影响频繁区，大多数年份无影响，考虑到无影响年份对风险概率分析的影响，采用下式进行风险概率估计：

$$P(X \geqslant x) = P(X = \text{致灾})P(X \geqslant x \mid X = \text{致灾}) \tag{4.1.1}$$

式中，$P(X \geqslant x)$为 30 年中直接经济损失大于等于某一直接经济损失值(x)的超越概率；$P(X=\text{致灾})$为序列中致灾年份/30 年；$P(X \geqslant x \mid X=\text{致灾})$则为致灾年份中大于等于某一直接经济损失值的超越概率，部分地区或时段由于致灾样本少，导致概率统计分布函数难以确定，因此统一选择信息扩散模型进行分析，基本原理如下：

灾害指数样本集合为 $X=\{x_1,x_2,\cdots,x_m\}$，m 是样本个数，这里灾害指数样本为历年台风致灾年份的年及月直接经济损失。设灾害指数论域为 $U=\{u_1,u_2,\cdots,u_n\}$，U 的控制点针对不同区域的年、月尺度台风灾害直接经济损失序列分别构建，U 的取值范围为：序列最小值～(序列最大值＋间距)，等间距设 100 个控制点。

单值观测样本 x_i 可将其所携带信息扩散给 U 中的所有点，这里采用正态扩散模型：

$$f_i(u_j)=\frac{1}{h\sqrt{2\pi}}\exp\left[-\frac{(x_i-u_j)^2}{2h^2}\right] \tag{4.1.2}$$

式中，h 为扩散系数，由样本的最大值 b、最小值 a 和样本个数 m 来确定。

$$h=\begin{cases}0.8146(b-a),m=5\\0.5690(b-a),m=6\\0.4560(b-a),m=7\\0.3860(b-a),m=8\\0.3362(b-a),m=9\\0.2986(b-a),m=10\\\dfrac{2.6851(b-a)}{m-1},m\geqslant 11\end{cases} \tag{4.1.3}$$

令 $C_i=\sum_{j=1}^{n}f_i(u_j)$，相应模糊子集的隶属函数为：

$$\mu_{x_i}(u_j)=f_i(u_j)/C_i=f_i(u_j)/\sum_{j=1}^{n}=1f_i(u_j) \tag{4.1.4}$$

单值样本 x 变成了以 $\mu_{x_i}(u_j)$ 为隶属函数的模糊子集 x^*，$\mu_{x_i}(u_j)$ 为样本 x_i 的归一化信息分布。

令 $q(u_j)=\sum_{i=1}^{m}\mu_{x_i}(u_j)$ 及 $Q=\sum_{j=1}^{n}q(u_j)$，

$$p(u_j)=q(u_j)/Q=q(u_j)/\sum_{j=1}^{n}q(u_j) \tag{4.1.5}$$

这就是样本点在 u_j 处的频率值，可作为概率的估计值。

x_i 取为论域 U 中的某一个元素 u_j，超越 u_j 的概率值反映发生直接经济损失 $\geqslant u_j$ 这种情况的可能性，即风险估计值，应为：

$$P(u\geqslant u_j)=\sum_{k=j}^{n}p(u_k) \tag{4.1.6}$$

在此基础上，也可通过设定的超越概率获取相应的直接经济损失值。如果 $m<5$，则不进行超越概率的统计分析。

三、台风直接经济损失风险评估

1. 不同直接经济损失程度的超越概率风险评估

通过信息扩散方法估算不同台风直接经济损失水平下的超越概率，以此大小反映风险高低，划分等级见表 4.1.1。

表 4.1.1 超越概率风险等级划分

超越概率(P)	$P<0.1$	$0.1\leqslant P<0.5$	$0.5\leqslant P$
风险等级	低风险	中风险	高风险

随着直接经济损失水平的增加，超越概率风险逐渐减小，发生中、高风险的省份均逐渐减少(图 4.1.1)。年直接经济损失台风致灾且样本个数≥5 的省份共有 17 个。年直接经济损失≥10 亿元水平下，华南各地及浙江为高风险区，超越概率为 0.66～0.95，其中广东风险最高；中风险等级的省份多达 11 个，北方地区，以山东风险最高，其次为辽宁、河北、河南；上海为低风险区(图 4.1.1(a))。当≥50 亿元水平时，浙江、广东为高风险区，超越概率分别为 0.68、0.67；中风险区集中在华南、湖南及北方的山东、河北、辽宁等地(图 4.1.1(g))。≥100 亿元水平时，浙江、广东、河北、福建、广西相对其他省份风险较高，属中等风险，浙江超越概率最高为 0.44。浙江在≥50 亿元、≥100 亿元较高损失水平情况下，超越概率均大于广东，为全国风险最高的省份(图 4.1.1(f))。

3 个损失水平下，6—10 月台风致灾且样本个数≥5 的省份随时间变化先增后减，分别为 3 个、9 个、14 个、8 个、4 个，8 月最多；6—8 月，分布范围先由沿海向内陆及向北方扩展，8 月之后又向南方和沿海地区回退。8 月中、高风险等级出现省份均明显多于其他各月，其次为 7 月、9 月。月直接经济损失≥10 亿元水平时，7—9 月，广东连续 3 个月处于高风险区且超越概率均为全国最大，分别为 0.57、0.66、0.54；8 月浙江、福建也处于高风险区(图 4.1.1(b)～(f))。当≥50 亿元水平时，各月风险等级为中、低等级，其中 8 月中风险的省份有浙江、广东、山东、辽宁和湖南，浙江超越概率最大为 0.41(图 4.1.1(h)～(l))。当≥100 亿元水平时，除浙江 8 月、10 月，广东 9 月为中风险外，其他地区均为低风险(图 4.1.1(n)～(r))。

3 个损失水平下，各地最大风险出现的月份各有不同。福建、浙江、江西、上海、江苏、安徽、湖北、山东、河南、辽宁 10 个省(市)3 个损失水平下超越概率最大值均出现在 8 月，而广西出现在 7 月，海南出现在 9 月；广东、湖南在月直接经济损失≥10 亿元水平下，8 月最大，其他两个风险水平下，广东 9 月最大，湖南 7 月最大。

2. 不同重现期下直接经济损失程度评估

统计不同重现期下的年和月台风直接经济损失，并根据损失大小确定严重等级(表 4.1.2)：

表 4.1.2 直接经济损失程度等级划分

直接经济损失 (L,单位:亿元)	$L<10$	$10\leqslant L<50$	$50\leqslant L<100$	$L\geqslant 100$
程度等级	轻灾	中灾	重灾	特重灾

10 年、20 年、30 年一遇的风险水平下，随着年遇型增加，各地相应的年直接经济损失及等级均有不同程度的增加(图 4.1.2(a)，(g)，(m))。从空间分布格局来看，10 年一遇风险水平下，有 8 个省份以轻灾和中灾为主，浙江、广东、福建、广西及河北达特重灾级别，海南、湖南以及北方地区的辽宁和山东达重灾级别(图 4.1.2(a))；20 年一遇风险水平下，特重灾省份增到 9 个，10 年一遇水平下的重灾省份均升为特重灾等级，江苏由中灾级别升为重灾级别，无轻灾等级(图 4.1.2(g))；30 年一遇风险水平下，特重灾省份仍维持有 9 个，江苏、安徽升级重灾等级，中灾省份减少(图 4.1.2(m))。总体来看，3 个风险水平下，浙江、广东、福建、广西以及河北

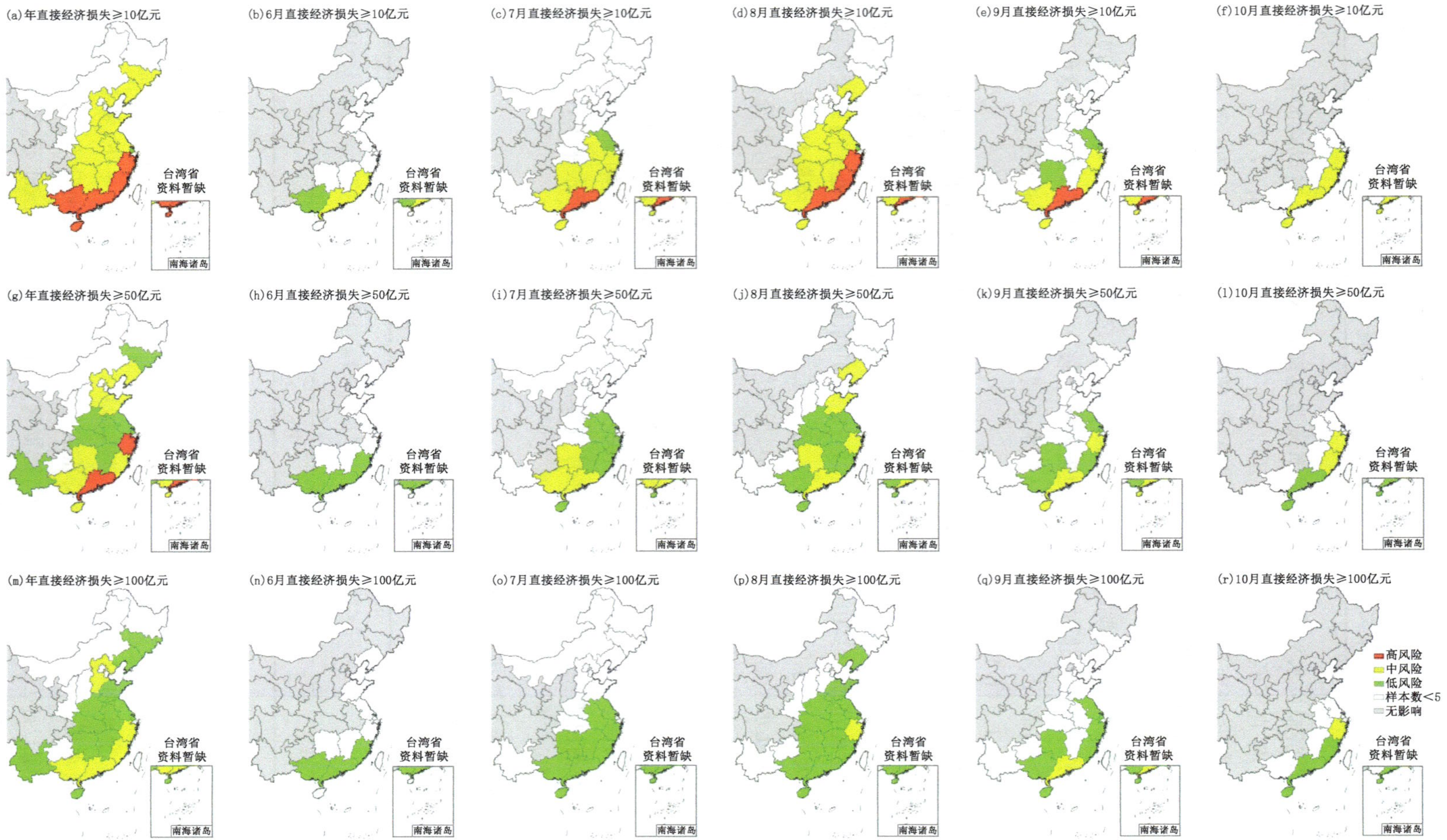

图4.1.1　全年和6—10月不同台风直接经济损失水平(≥10亿元(a)～(f)、≥50亿元(g)～(l)、≥100亿元(m)～(r))下超越概率风险等级分布图

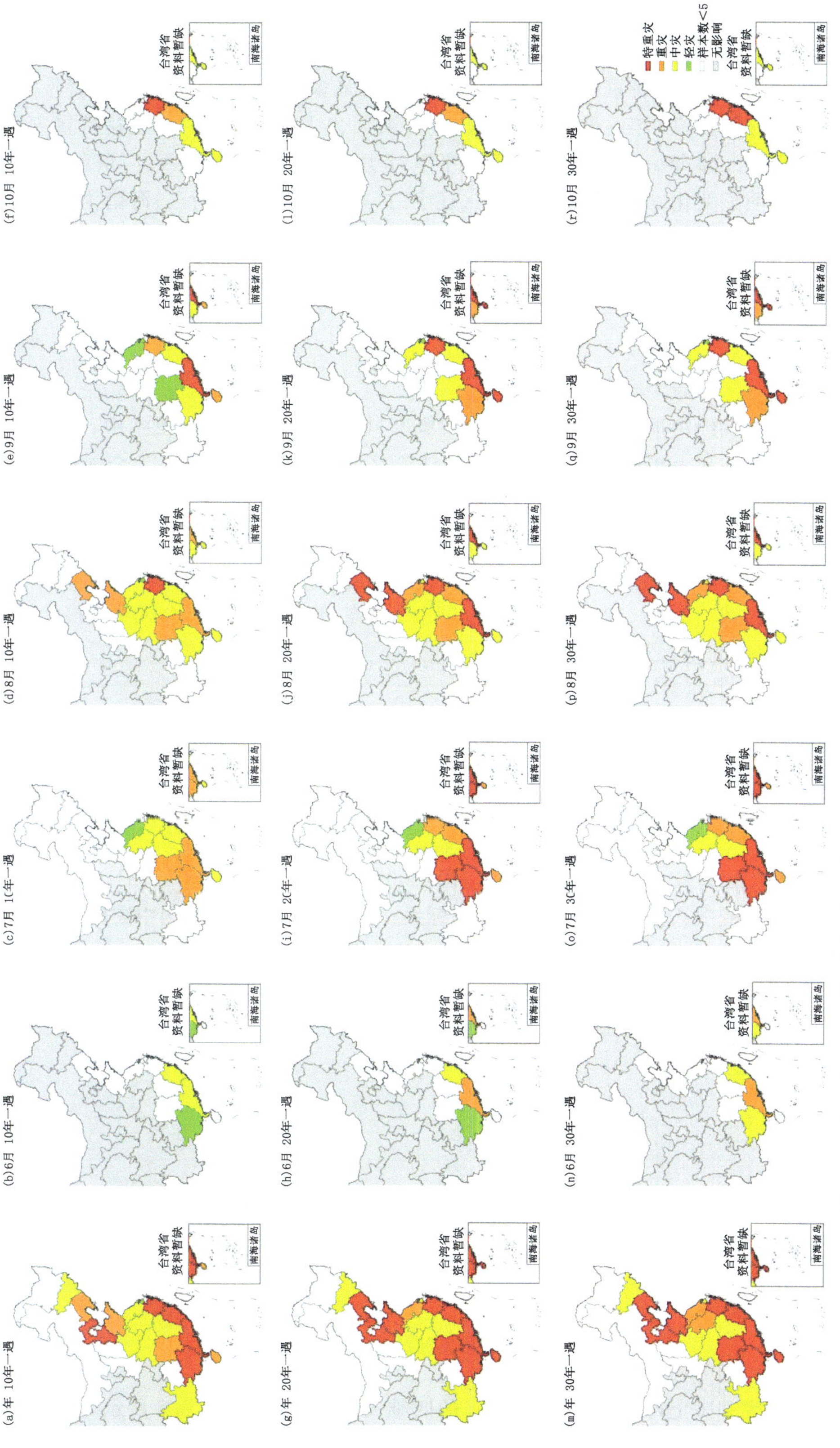

图4.1.2 全年和6—10月不同重现期(10年(a)～(f)、20年(g)～(l)、30年(m)～(r)年一遇)下台风直接经济损失等级分布图

北一直维持特重灾等级，浙江年直接经济损失最重，其次为河北、广东。3 种年遇型下，重、特重灾省份除湖南、安徽外，大多分布在沿海，中灾省份则多集中在内陆。

3 种风险水平下，重、特重灾等级涉及的省份 8 月最多，其次为 7 月、9 月。特重灾分布区域月际之间变化明显，10 年一遇风险水平下，8 月浙江、9 月广东、10 月浙江达特重灾等级(图 4.1.2(b)～(f))。20 年一遇和 30 年一遇水平下，7 月特重灾集中在广西、广东和湖南，8 月特重灾区域发生明显变化，分布在浙江、山东、辽宁、广东，9 月，广东、浙江、海南为特重灾区域，10 月，浙江及福建在 30 年一遇水平下达特重灾等级(图 4.1.2(h)～(l)和图 4.1.2(n)～(r))。由上述分析可见，8 月，除南方为防台减灾的重点地区外，北方区域的山东、辽宁等地的防台应对也不容忽视。

四、结论

随着台风直接经济损失水平的增加，超越概率风险等级逐渐减小，发生中、高风险的地区逐渐减少。浙江在年直接经济损失≥50 亿、≥100 亿元水平下，概率风险为全国最高。8 月台风中、高风险发生省份均多于其他各月；各地超越概率最大值出现的月份不同，大多数地区出现在 8 月。在 10 年、20 年、30 年一遇 3 个风险水平下，浙江、广东、福建、广西年直接经济损失一直维持特重灾等级，其中浙江最重，重、特重灾省份除湖南、安徽外，大多分布在沿海，中灾省份则多集中在内陆。20 年、30 年一遇风险水平下，山东、辽宁和河北的台风年直接经济损失也达特重等级，也应为防台重点关注地区。

第二节　气象灾害的灾体模型简介

一、灾体模型

国内学者提出过灾度相关示意图(高建国，2008；徐敬海等，2012)，如图 4.2.1 所示，经济损失、死亡人数、受灾人数三要素组成直角坐标系。高建国提出的示意图中灾度为三要素构成的长方体的对角线，徐敬海等认为灾度为一个三维空间平面，即灾度平面。

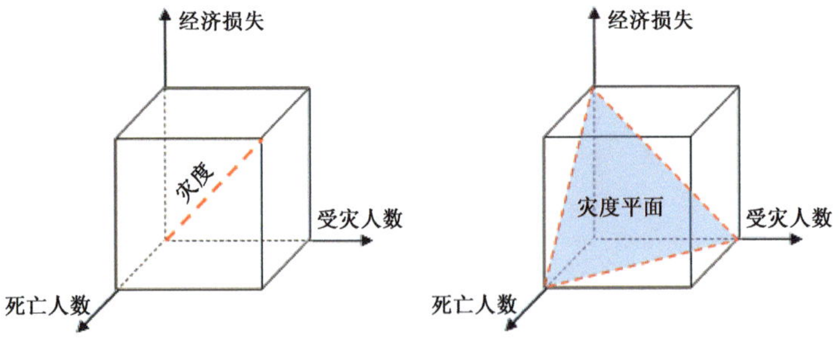

图 4.2.1　灾度模型示意图
(根据高建国(2008)以及徐敬海等(2012)原图改绘)

在前人研究基础上，提出面向气象灾害的四维灾体模型，如图 4.2.2 所示，由直接经济损失、受灾人数、受灾面积形成灾度平面，此为损失的基本规模，再在灾度平面的垂直方向，起于灾度平面向上，由死亡失踪人数确立一个三角体，此三角体即称为灾体。若指标采用的是绝对损失值，则称此三角体的“体积”为灾体量指数。除死亡失踪人数外，若直接经济损失、受灾人数、受灾面积指标采用的是相对值(如灾损率等)，则称为相对灾体量指数。

灾体将常见的4个气象灾害损失指标包括在内，灾体量大小由这四要素决定，因此四维灾体及相关概念能够较完整地描述气象灾害损失的体量。在实际应用中，可以根据具体的灾害损失指标来确定各维要素。

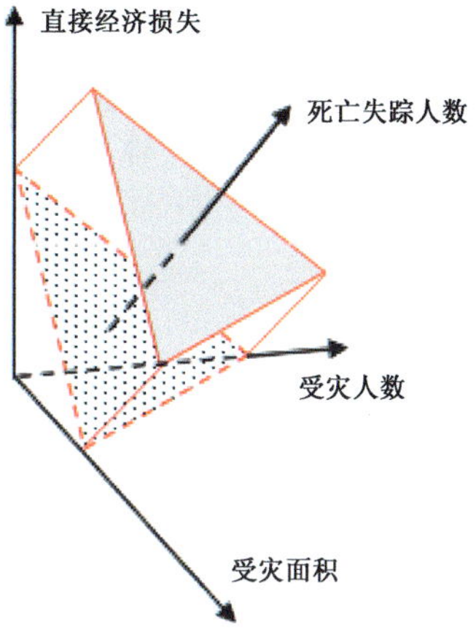

图 4.2.2 灾体模型示意图
(尹宜舟 等,2019)

二、灾体量相关指数计算方法

以气象灾害损失年景评价为例，若采用绝对损失值，假设某年气象灾害年受灾人数(万人次)、年受灾面积(万公顷)、年直接经济损失(亿元)、年死亡失踪人数(人)分别为 X、Y、Z、R，分别进行归一化处理得到 x、y、z、r，则(x、y、z、r)为灾体结构的基本要素。以 X 为例，归一化方法如下：

$$x = \frac{X}{X_{\max}} \tag{4.2.1}$$

式中，x 为 X 归一化后的值，$X_{\max}$ 为 X 序列最大值。对于直接经济损失，在进行规范化处理之前，利用商品零售价格指数进行订正，本文统一订正到2010年价格水平。

灾体量指数(D)计算公式如下：

$$D = S \cdot r \tag{4.2.2}$$

式中，S 为灾度平面面积，r 为年死亡失踪人数归一化处理后的数值。假设灾度平面3个边边长分别为 a、b、c，半周长为 P，则：

$$S = \sqrt{p(p-a)(p-b)(p-c)} \tag{4.2.3}$$

$$p = \frac{1}{2}(a+b+c) \tag{4.2.4}$$

$$a = \sqrt{x^2 + y^2} \tag{4.2.5}$$

$$b = \sqrt{x^2 + z^2} \tag{4.2.6}$$

$$c = \sqrt{z^2 + y^2} \tag{4.2.7}$$

若将计算指标改为灾害损失的相对值，即灾害损失率，则计算结果称为相对灾体量指数（D^*）。年受灾人数（万人次）、年受灾面积（万公顷）、年直接经济损失（亿元）对应的灾害损失率分别为绝对损失值与年末总人口（万人）、年播种面积（万公顷）和国内生产总值（亿元）的比值。

三、我国气象灾害损失年景评价

计算2003—2017年我国气象灾害损失灾体量和相对灾体量指数，结果如图4.2.3所示，可以看出2003—2017年，我国气象灾害年损失灾体量指数呈现出明显的下降趋势，特别是2011年以来指数平均值(0.08)远低于2003—2010年平均值(0.27)。

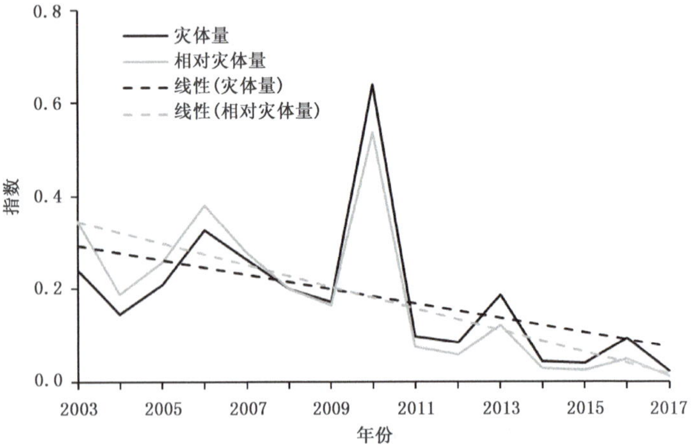

图 4.2.3　2003—2017年我国气象灾害年损失灾体量和相对灾体量指数变化

因为相对灾体量指数考虑了当年的社会经济发展情况，故采用2003—2017年相对灾体量指数平均值与标准差的组合作为划分标准，将灾害年景分为明显偏重、偏重、一般、偏轻、明显偏轻5类，结果如表4.2.1所示，最终评价结果为2003年、2006年、2010年为明显偏重年，2005年和2007年为偏重年，除2013年外，2011年以来的年份均为偏轻或明显偏轻。

表 4.2.1　气象灾害损失年景评价标准及评价结果

评价	阈值计算	阈值	年份
明显偏重	$D^* \geqslant (\text{ave}+s)$	$D^* \geqslant 0.33$	2003、2006、2010
偏重	$(\text{ave}+0.5 \cdot s) \leqslant D^* < (\text{ave}+s)$	$0.26 \leqslant D^* < 0.33$	2005、2007
一般	$(\text{ave}-0.5) \cdot s) \leqslant D^* < (\text{ave}+0.5 \cdot s)$	$0.11 \leqslant D^* < 0.24$	2004、2008、2009、2013
偏轻	$(\text{ave}-s) \leqslant D^* < (\text{ave}-0.5 \cdot s)$	$0.03 \leqslant D^* < 0.11$	2011、2012、2014、2016
明显偏轻	$D^* < (\text{ave}-s)$	$D^* < 0.03$	2015、2017

注：D^* 为相对灾体量指数；ave 和 s 为2003—2017年相对灾体量指数平均值和标准差。

第三节　中国气候变化的直接风险及政策建议

一、中国气候变化的直接风险

全球气候变化对生态系统和经济社会产生广泛影响。通过逐步和长期的探索，人们更加深刻地认识到了气候变化的风险。就全球而言，随着全球温度升高，极端天气频率将持续增加。气候变化将改变全球水循环的现状，重新分配全球水资源的时空分布，水资源受限区域的风险将更加突出，河流洪水的区域性及概率性将发生变化。海平面上升将严重加剧沿海地区的洪涝灾害风险，三角洲等沿海低地和岛屿地区淹没风险较高。气候变化将改变生态系统的格局，增加生态系统的脆弱性。研究结果，全球温升控制在 1.5℃较 2.0℃时气候变化的直接风险将显著降低。

我国自然灾害风险等级处于全球较高水平，对气候变化敏感性高，气候变化不利影响呈现向经济社会系统深入的显著趋势，气候变化对敏感领域和关键地区的影响各有利弊。已有研究表明，气候变化对中国的影响总体判断认为弊大于利，特别是未来时段预估结果显示，进一步增暖将主要造成负面影响，促使面临的气候风险加剧（第三次气候变化国家评估报告，2015）。Feng and Chao（2020）研究结果表明，气候变化的影响弊大于利，而变暖的可能性更大。由图 4.3.1 可以看出，在自然系统和生态系统方面，未来几十年西北和华北的水资源风险达到高风险等级，而西北的生态系统和冰冻圈将受到更大的关注。由于全球变暖引起的极端事件增加，华南地区的人类管理和社会经济系统风险较高，而由于水资源短缺，华北地区的农业风险可能较高。未来强降雨和高温热浪的增加趋势将使华东地区的交通和能源风险更高，而西南地区的交通和旅游业将受高温的影响较为严重。整体而言，极端事件的频繁发生将显著影响能源、交通及旅游等行业，西北和华北地区的水资源风险突出，华北地区的农业风险可能较高，西北地区的生态系统和冰冻圈风险较高。目前，中国为应对气候变化的直接风险，在重点领域及相关行业采取了一系列政策措施并取得初步成效。

二、政策建议

气候变化的风险是全球面临的共同挑战，中国遭受的气候变化风险等级处于全球较高水平，气候变化不利影响已深入经济社会系统。习近平总书记指出，应对气候变化不是别人要我们做，而是我们自己要做。中国积极推动全球绿色、低碳、可持续发展，推动构建人类命运共同体。近年来围绕《国家适应气候变化战略》，在多个领域开展气候变化适应工作，取得积极进展。

(1)重视并提高我国适应气候变化特别是应对极端天气和高影响气候事件能力。近年来我国适应气候变化特别是应对极端灾害的能力得到明显提高，因灾死亡人数和直接经济损失占国内生产总值的比例呈明显下降趋势。但是，由于目前我国正处于快速城市化进程中，人口和财富的进一步集中以及一定程度上存在的无序建设等情况，将加剧极端气候灾害的风险。为进一步提升应对极端天气和提高影响气候事件能力，需更新《国家适应气候变化战略》，将应对极端气候灾害作为适应气候变化的核心内容，强化极端气候灾害风险防范措施，进一步提升极端天气气候事件的精密监测和精准预测能力，加强气象灾害风险管理。开展生态和环境气象服务，开展重点区域、特色产业的气候变化影响评估，加强与极端气候事件和灾害相关的农

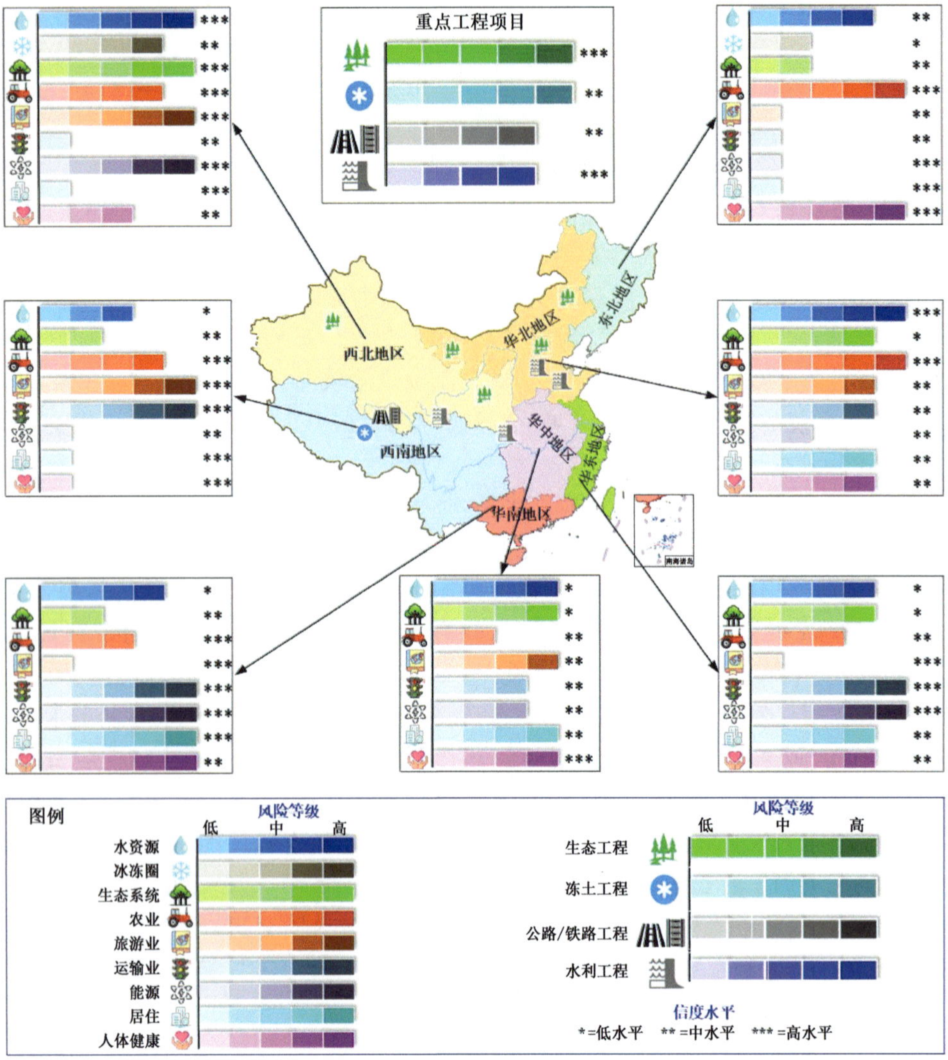

图 4.3.1 中国各领域及重点工程的气候变化风险格局(Feng and Chao，2020)

业、水资源、生态和健康等方面的风险应对，研究提出适应气候变化的相关措施，提高社会经济系统韧性。

(2)提升灾害风险应对能力，开展重点区域防灾减灾应用示范、技术推广。统筹国家及地方相关部门、科研院所和高校系统的资源优势，发挥多部门联动机制，根据防灾减灾救灾日常业务需求，开展灾害风险应对中的关键技术研究，持续推动最新技术成果应用于日常自然灾害应对业务系统，强化服务领域拓展，提升精细服务能力；利用多学科交叉和综合研究手段及方法，进一步开展灾害变化的状态、过程和驱动因子研究，评估气候变化对区域生态环境和重大工程建设的影响和风险，提高对灾害风险的防御能力；在自然灾害高发区和高风险区、连片贫困地区、重大战略实施区等开展自然灾害风险评估及风险区划，推动灾害风险评估及区划标准化、制度化，并应用示范、技术推广。

(3)加强气候变化与自然灾害基础研究和科学评估。加强气候变化与自然灾害基础研究和科学评估，进一步提高对气候与环境变化科学评估的准确性，降低并量化科学不确定性，提高对气候和环境要素监测的时空分辨率。加强未来减排情景设定、全球气候模式研究，采用新的技术手段和方法开发精细化气候变化预估模式，提高长期气候、水文等综合系统模拟预估能力，强化气候变化对暴雨、洪水、干旱、地质灾害等主要灾害及组合特征的影响评估，在更好地理解和模拟气候与环境变化的基础上，进一步提高对气候与环境要素演变、灾害风险等方面的预测和预估能力，满足政策和决策制定对气候预测和气候变化预估准确性和可靠性的要求，为适应气候变化、降低灾害风险提供科学支撑。

第五章 2019年各省(区、市)气候影响评价摘要

北 京 2019年,全市平均气温为12.5℃,比常年偏高1.0℃,比2018年偏高0.5℃,为1951年以来第二高值(仅低于2014年,12.6℃);冬季气温接近常年同期,夏季略偏高,春、秋季偏高。全市平均年降水量为511.1毫米,接近常年(540.7毫米),比2018年(575.6毫米)偏少11%。冬、夏季降水量较常年同期偏少,春、秋季偏多。全市平均年日照时数为2509.8小时,接近常年(2491.4小时)。其中,3月、9月日照时数略偏多,2月、11月略偏少,其他各月接近常年同期。年内高温日数偏多,大风、沙尘、雾和霾日数偏少。2019年主要气象灾害为暴雨洪涝、冰雹和大风。气候条件有利于水库蓄水,对冬小麦和春、夏玉米的生长发育及产量形成总体有利。但夏季高温及冬季强降温对北京电力负荷产生较大影响。

天 津 2019年,全市平均气温13.9℃,较常年偏高1.3℃,列1961年以来第二高。四季气温均偏高,其中春季气温偏高2.1℃,列1961年以来历史同期第三高,秋季气温偏高1.5℃,与1998年、2005年、2006年并列为1961年以来历史同期最高。全市平均年降水量471.4毫米,较常年偏少66.7毫米,偏少1成以上。各季降水量均偏少,其中,秋、冬季偏少5成以上,春、夏季接近常年略偏少。全市平均年日照时数2616.3小时,较常年偏多117.3小时,为1998年以来历史最高值。冬、秋季日照时数较常年偏少,夏、秋季偏多。年内,出现了暴雨、强对流、高温、寒潮、大风、雾和霾等灾害性天气气候事件。总体上,2019年光、温、水匹配良好,气象条件对农业生产利大于弊,为丰产年景。

河 北 2019年,全省平均气温12.9℃,较常年偏高1.1℃,为有气象记录以来第二高(仅低于2014年、2017年的13.0℃);春、夏、秋季气温偏高,其中春季为有气象记录以来同期第三高(仅低于2014年和2017年),冬季接近常年。全省平均年降水量437.6毫米,较常年偏少13.1%;冬、秋季降水量偏少,春、夏季接近常年,其中4月降水量异常偏多。全省平均年日照时数2373.3小时,较常年偏少113.9小时;冬季、夏季日照时数偏少,春、秋季接近常年。2019年,气象干旱日数偏多,其中春季、盛夏旱情重;暴雨日数接近常年,台风“利奇马”影响持续时间长,风雨强度大;高温日数为1998年以来第二多,夏季高温范围广、持续时间长;寒潮日数偏多、强度偏强,11月寒潮异常偏多;大雾日数总体偏少,秋末冬初过程频发;霾日数为近5年最少,主要出现在冬、春季;大风日数接近常年,冰雹日数偏少,局地损失重;降雪日数偏少,年初降雪频繁;沙尘和连阴雨天气偏少;干热风偏多。总体而言,2019年气象灾害损失程度属于“偏轻”年份,气候年景属于“偏好”年份。

山 西 2019年,全省平均气温为10.9℃,较常年偏高1.1℃,为1961年以来第二高,仅比最高值(11.0℃,1999年)偏低0.1℃,与1998年、2006年、2017年持平;冬季气温与常年同期持平,其他季节均偏高,其中夏季为近10年来第二高,秋季为近10年最高。全省平均年降水量为439.2毫米,较常年偏少29.1毫米(偏少6.2%),为近10年来最少;秋季降水量偏多,

其余各季均偏少,其中冬季为 2000 年以来同期第二少,春季为近 15 年来最少。全省平均年日照时数为 2327.7 小时,较常年偏少 120.8 小时;春季日照时数偏多,其余各季偏少。年内,出现 3 次较强的干旱过程,春夏季中南部持续的高温少雨天气,造成中南部干旱严重;春季出现的大范围寒潮天气,致使低温冷冻发生;夏秋季强降水及对流天气较多,全省共发生暴雨 90 站次,较常年偏多 23 站次,尤其 9 月暴雨站次历史同期最多,局部地区遭受暴雨洪涝等灾害。各类灾害性天气给全省工农业生产及人民生活造成了一定的影响。

内蒙古　2019 年,全区平均气温为 6.0℃,比常年偏高 0.9℃,为 1961 年以来第五高。四季气温均偏高,其中春季气温为 1961 年以来同期第六高,秋季气温为 1961 年以来同期第四高。全区平均年降水量 339.6 毫米,较常年偏多 20.8 毫米,比上年偏少 37.4 毫米。冬季降水量偏少,为 1961 年以来同期第三少;春、夏、秋季降水量均偏多。大部地区年日照时数接近常年或偏少。冬、春季日照时数大部地区偏少或接近常年;夏季大部地区偏多或接近常年;秋季中东部偏多,西部偏少。年内出现了干旱、暴雨洪涝、高温、冰雹、雷电、低温冷冻和霜冻等气象灾害。春季出现 8 次大范围沙尘天气过程;春、夏季呼伦贝尔市、锡林郭勒盟部分地区遭受旱灾,牧业受损;夏季暴雨洪涝、冰雹灾害频发;春末、秋初多地发生低温冷冻和霜冻。2019 年农区大部降水略偏多,干旱发生范围小,大部分时段气象条件对农业有利,牧区未出现大范围持续干旱,农业、牧业气候年景均为正常偏好,交通不利日数大部地区接近常年,采暖能耗较常年偏低。综合评价 2019 年气候年景为正常。

辽　宁　2019 年,全省平均气温为 9.8℃,比常年偏高 1.0℃,为 1951 年有完整气象资料以来最高值;四季气温均比常年同期偏高。全省平均年降水量为 676.8 毫米,比常年(648.2 毫米)偏多 4%;冬季降水量比常年同期偏少,春季接近常年,夏季偏多,秋季偏少。全省平均年日照时数为 2537 小时,比常年偏少 6 小时;冬、春季日照时数比常年同期偏多,夏季偏少 65 小时,秋季接近常年。年内异常气候与极端天气气候事件有:1 月气温异常偏高,降水异常偏少;春季出现 1951 年以来罕见高温天气;部分地区出现春旱和伏旱;7 月 3 日开原市出现强龙卷风;8 月 11—15 日,受超强台风“利奇马”和西风带冷空气共同影响,全省平均降水量达 126.5 毫米,突破 1951 年以来同期极值;8 月 16 日沈阳遭遇近 68 年来最强短时暴雨,1 小时降水量达 100.8 毫米;夏季出现两次高温过程,6 个国家气象站日最高气温突破 7 月历史极值;12 月降水异常偏多。2019 年主要气象灾害有暴雨、台风、高温、干旱、龙卷、冰雹、寒潮和暴雪,总体看 2019 年为气象灾害较重年份。

吉　林　2019 年,全省平均气温为 6.7℃,比常年偏高 1.3℃,居新中国成立以来高温年的第一位;全省平均年降水量为 696.5 毫米,较常年偏多 14%;全省平均年日照时数为 2638 小时,较常年偏多 184 小时。2019 年,农作物生长季(5—9 月)全省平均气温为 19.4℃,较常年偏高 0.7℃,居历史同期高温的第六位;全省平均降水量为 606.0 毫米,较常年同期偏多 21%;全省平均日照时数为 1159 小时,较常年同期偏多 49 小时。2019 年总的气候特点为:气温明显偏高,降水略多,日照偏多。农作物生长季气温偏高,降水偏多,日照略多,对作物生长有利;但春季中西部大部和延边州东部透雨偏晚,对作物播种、出苗不利;主汛期 4 次台风影响吉林,中东部部分地区出现暴雨洪涝或农田渍涝。2019 年主要气象灾害为干旱和暴雨洪涝,也出现了高温、低温、寒潮、大风、沙尘、雾、冰雹等气象灾害。总体来说,2019 年气候条件满足农作物生长需求,农业年景为偏丰年。

黑龙江　2019 年,全省平均气温为 4.1℃,比常年偏高 1.1℃,为 1961 年以来历史第三高；冬、春季气温特高，其中冬季为1961年以来第二暖冬，夏季气温偏低，秋季气温偏高。全省平均年降水量为753.1毫米，比常年偏多43%，为1961年以来历史最多；冬季降水量特少，为1961年以来同期第二少，春、夏季降水量特多，其中夏季为1961年以来同期最多，秋季降水量略偏多。全省平均年日照时数为2582小时，比常年偏多66小时。年内暴雨频发、范围广、强度大，暴雨时段主要集中在6月中下旬、7月中下旬和8月；4月上中旬和5月上中旬部分地区发生气象干旱；5月15—16日，中西部地区出现大风、沙尘天气；6月和8月出现低温阴雨寡照天气，对农业生产不利；3月21日、11月17日出现大到暴雪，对交通影响较大。2019年，农作物生长季(5—9月)气温正常，降水偏多，日照偏少，主要农业气象灾害有暴雨洪涝、干旱、低温阴雨寡照、北部和东部部分农区早霜以及局地风雹，气候对农业的影响属较差年景。

上 海 2019年，全市平均气温为17.3℃，比常年偏高1.0℃；冬、春季气温偏高，夏季气温略低，秋季气温偏高。全市平均年降水量1515.0毫米，比常年偏多28.2%，平均年降水日数为136天，比常年偏多6天；冬季降水量异常偏多，为历史同期第二多，春季降水偏少，夏、秋季降水偏多。全市平均年日照时数1593小时，比常年偏少262小时，为1961年以来最少；四季日照时数均偏少，其中冬季为历史同期最少。年内，主要气象灾害有台风、暴雨、雷雨大风、雷电和寒潮大风。2019年，暴雨日数比常年偏多，暴雨主要出现在汛期，梅雨期长，梅雨量异常偏多。全年有4个热带气旋相继影响，造成比较明显的灾害，其中台风“利奇马”“米娜”影响较大。总体评价，2019年属气象灾害偏轻年份。2019年单季晚稻全生育期农业气象条件总体为略差，表现为一多二少(降水量多、热量和日照时数少)。

江 苏 2019年，全省平均气温16.2℃，较常年偏高0.9℃，为历史第四高值；四季及12月气温均不同程度偏高。全省平均年降水量为845.7毫米，较常年偏少1.7成，为1995年以来次少年(仅多于2004年823.7毫米)；冬季及12月降水量异常偏多，春、夏、秋季连续偏少；全省平均年日照时数为1823.3小时，较常年偏少1.1成；四季日照时数均不同程度偏少，其中冬季显著偏少。年内主要天气气候事件有：冬季降水量为1961年以来同期第二多；冬季降雪次数之多为历史同期少见；4月上旬全省普遍出现8级大风；7月6日全省遭遇罕见强对流天气；7月中旬沿江中东部出现暴雨；自2017年以来连续3年梅雨量偏少；7月下旬遭遇大范围高温热浪；“利奇马”为近58年来影响江苏最强台风；春、夏、秋季全省连旱；初冬持续阴雨绵绵。2019年灾害性天气主要有干旱、寒潮、暴雪、大风、暴雨洪涝、台风、强对流、高温、雾霾、连阴雨等，其中暴雨洪涝、台风、强对流、暴雪等造成的损失较为严重。2019年主要农作物、海盐、旅游及交通行业气候年景较好，河蟹养殖等行业气候条件较为有利，而特色农业种植、水资源及水环境气候年景则较差。综合评价，2019年为较好的气候年景。

浙 江 2019年，全省平均气温18.1℃，比常年偏高0.9℃；除6月、7月气温较常年同期偏低外，其余各月均不同程度偏高。全省平均年降水量1792.6毫米，比常年同期偏多2成；3月降水量与常年同期持平，5月、9月、11月偏少，其余各月偏多，其中2月为1961年以来同期最多。全省平均年日照时数1572.8小时，比常年偏少186.5小时；3月、8月、9月、11月日照时数偏多，其余各月偏少，其中2月为有观测记录以来同期最少。总体来讲，2019年极端天气气候事件频发，气象灾害阶段性集中分布特征明显。冬季出现罕见大范围持续阴雨寡照天气；4月雷电、大风、冰雹等强对流天气频发；初夏以暴雨、强对流等灾害为主；6月17日入梅，比常年偏晚7天，梅雨量偏多5成，梅汛期暴雨过程频繁，涝梅冷梅特征明显；出梅后，气温迅速攀升，出现全省性高温，但高温阶段性明显；年内共受4个台风影响，“利奇马”是新中国成立以来登陆浙江的第三强台风,也是滞留浙江时间最长的超强台风,台风“米娜”为 1949 年以来 10 月份登陆浙江的第三个台风。伏夏至秋季内陆持续少雨、部分地区伏秋连旱,对农业生产造成较大影响。2019 年油菜、小麦全生育期间总体气候条件属较偏差年景,早稻、晚稻属于正常略偏好年景。

安　徽　2019 年,全省平均气温 16.6℃,比常年偏高 0.8℃,与 2017 年、2018 年持平,为 1961 年以来第三高;冬季气温略偏低,其他季节均偏高,其中秋季为 1961 年以来同期第三高。全省平均年降水量 944 毫米,较常年偏少 2 成,为 2001 年以来最少;冬季降水量偏多近 1 倍,为 1961 年以来同期最多,其他季节均偏少,其中秋季为 1961 年以来同期第二少。全省平均年日照时数 1940 小时,接近常年略偏多;冬季日照时数为 1961 年以来同期最少,春季接近常年,夏、秋季均偏多。年内主要天气气候事件有:伏秋连旱 40 年之最,影响农业和居民用水;冬季长时间连阴雨(雪)使农业受到影响;台风“利奇马”致宣城地区出现山洪地质灾害;沿江江南梅雨正常,江淮之间自 1994 年以来又一次空梅;秋、冬季偏暖明显,多地气温创历史之最;5 月 25—26 日南部出现强降水,多地日雨量破纪录;3 月 20 日含山、马鞍山极大风速破历史极值;10 月初团雾导致重大交通事故。2019 年,先后出现低温雨雪冰冻、连阴雨、强对流、强降水、高温、台风、干旱等气象灾害,其中以干旱造成的影响最重,台风次之。2019 年气候年景偏差,但全年农业气象条件总体利大于弊。

福　建　2019 年,全省平均气温 20.4℃,较常年偏高 0.9℃,为 1961 年以来最高;除雨季外,其余各季平均气温均偏高,其中冬季为历史同期第二高,秋季并列历史同期第四高。全省平均年降水量 1657.8 毫米,偏多 3.6 毫米,与常年基本持平;春季降水量偏多,夏、秋季偏少,其中秋季降水量为近 20 年最少。全省平均年日照时数 1705.4 小时,偏多 3.3 小时,与常年基本持平;日照时数总体呈上半年偏少、下半年偏多,其中雨季日照时数为历史同期第五少,秋季为历史同期第四多。年内主要天气气候特点是:四季气温皆偏高;降水前多后少,日照前少后多;雨季结束迟、历时长、雨量多;台风登陆个数少,影响个数接近常年;夏、秋季持续异常温高雨少,出现大范围气象干旱。2019 年,气象灾害以暴雨洪涝灾害为重,风雹、气象干旱灾害次之,台风灾害轻;气象灾害损失主要集中于闽西北地区。2019 年,气象灾害损失略少于近 10 年均值,但较上年重,气候年景为中等偏差。全年气候对农业种植业、林业森林防火属偏差或中等偏差年景,对农业有害生物防治、水文水资源、盐业、渔业属偏好年景。

江　西　2019 年,全省平均气温 18.9℃,较常年偏高 0.9℃,和 2013 年、2016 年、2017 年并列为历史第二高(仅次于 2007 年的 19.0℃);冬季气温与常年同期持平,春、夏、秋季均偏高。全省平均年降水量 1726.5 毫米,较常年偏多 3.1%;冬季、夏季降水量偏多,其中冬季为历史同期第二多,春季、秋季偏少,其中秋季为历史同期最少。全省平均年日照时数 1615.9 小时,较常年偏少 15.9 小时;秋季日照时数偏多,冬、春、夏季偏少。全年主要气候特点:(1)气温偏高但起伏大。年内大部分月份气温偏高,秋季平均气温为同期第二高位;高温日数为第五高位。(2)降水时空分布极不均匀。冬季至春初全省降水量显著偏多,出现持续性阴雨寡照天气。雨季开始早结束晚、雨季长,降水量前汛期少后汛期多、北部少中南部多,雨季结束至年底,全省降水异常偏少,创历史新低。(3)旱涝灾害重。6 月至 7 月上半月先后遭遇 4 轮强降雨袭击。7 月下半月至 12 月底全省降水持续偏少,气温偏高,多地旱情严重。(4)春、夏季雷电活动偏强偏多。年内主要气象灾害有暴雨洪涝、干旱、风雹、连阴雨等,其中洪涝损失最大,其次是干旱。综合评估,2019 年全省气候年景为差,农业气象年景为平偏歉。

山　东　2019年，全省平均气温为14.6℃，较常年偏高1.2℃，比上年偏高0.3℃，为1951年以来历史最高；四季气温均较常年同期偏高。全省平均年降水量565.5毫米，较常年(645.1毫米)偏少12.3%，较上年偏少224.3毫米；冬季、夏季降水量偏多，春季、秋季偏少。全省平均年日照时数2235.6小时，较常年偏少155.7小时，较上年偏少92.8小时，为2006年以来连续14年偏少；春季日照时数偏多，其他三季均偏少。年内主要天气气候事件有：台风"利奇马"造成多地降水破极值，洪涝灾害严重；春末至仲夏高温少雨，农田旱情发展迅速；雨季开始历史最晚，盛夏山东中西部由旱转涝；半岛降水异常偏少，出现持续干旱；年初、年末出现大范围雾和霾天气；春、夏季风雹多发，农作物受灾；年平均气温历史最高，多地破历史极值；11月烟台出现暴雨，历史罕见；年初鲁南出现暴雪，交通出行受影响；威海8月出现龙卷风。综合分析，2019年全省农业气象条件属一般年景。

河　南　2019年，全省平均气温15.7℃，较常年偏高1.1℃，为1961年以来最高；冬季气温正常，春、夏、秋季明显偏高，其中春季、秋季分别为1961年以来同期第四、第三高值。全省平均年降水量512.6毫米，较常年偏少30%，为1961年以来第三少；冬季降水正常，春季明显偏多，夏、秋季偏少。全省平均年日照时数1911.3小时，较常年偏少85.2小时；冬季日照偏少，春、夏、秋季正常。2019年主要气象灾害及重大天气气候事件有：1—2月出现5次大范围雨雪天气；3月下旬出现寒潮、倒春寒、晚霜冻过程，4月上旬和11月中下旬出现寒潮过程；春、夏季出现不同程度的气象干旱，多地伏旱严重；夏季，出现12次暴雨过程，洪涝灾害范围广；春、夏季风雹灾害频发、点多面广危害大；夏季高温日数多，影响范围广；秋季出现两次连阴雨过程，缓解气象干旱，为秋种打下良好播种基础；年初和12月雾、霾天气多发，对交通运输有一定影响。总体来看，2019年全省干旱、暴雨洪涝、风雹等气象灾害较常年偏轻，气象灾害属一般年景，对农业生产较为有利。

湖　北　2019年，全省平均气温17.1℃，较常年偏高0.7℃，冷暖变幅大。冬季气温偏低；春季气温整体偏高，但前高后低，起伏较大，日降温出现极端事件；夏季气温偏高，出现大范围持续高温，10县(市)持续高温日数突破历史纪录；秋季气温偏高1.3℃，为1961年以来同期第二高，季内气温起伏大，先后出现"秋老虎"和寒潮天气。全省平均年降水量906.1毫米，较常年偏少25%，时空分布不均。冬季降水偏多且阴雨天气和雨雪过程多；春、夏、秋季降水连续偏少，中东部出现罕见伏秋连旱；盛夏，鄂西局地强降雨频发重发。入春提前，入夏、入秋、入冬均不同程度推迟。年内，主要气象灾害为低温阴雨(雪)寡照、区域性强降水、局地强对流、盛夏高温、伏秋连旱等。2019年气象灾害损失低于2000年来平均值，其中由冬季低温阴雨寡照天气、夏季鄂西局地强对流以及伏秋高温连旱造成的灾害损失比重最大，尤其伏秋高温连旱损失占气象灾害总损失的近2/3。2019年夏粮油作物农业气象年景比2018年好，但秋粮作物年景比2018年差。生态质量总体为良好，与2018年相比略有下降。

湖　南　2019年，全省平均气温为18.0℃，较常年偏高0.6℃；冬季气温偏低，春、夏、秋季气温偏高，其中秋季为1951年以来同期第三高。全省平均年降水量1463.7毫米，较常年(1403.1毫米)偏多4.3%；冬、春、夏季降水量偏多，秋季偏少。全省平均年日照时数1362.5小时，较常年偏少94.6小时；秋季日照时数偏多，其他季节偏少，其中冬、春季均为1951年以来同期最少。2019年主要天气气候事件有：冬季出现大范围低温雨雪冰冻；冬、春季出现长时间阴雨天气；首场暴雨出现在2月18日，较常年偏早20天，湘南发生桃花汛；5月上旬湘西出现强"5月低温"事件；夏季暴雨频发，湘江流域出现大洪水；7月16日至8月25日，全省出现大范围、长时间的高温天气;从 7 月下半月开始,出现长时间严重干旱,直至 11 月末干旱才得以缓解。年内出现干旱、洪涝、低温冷冻、高温热害、连阴雨等灾害,对农业生产造成不利影响,局地重复受灾,损失较重。2019 年气候年景等级为较差,干旱年景评定为大范围一般干旱年,洪涝年景评定为大范围较严重洪涝年。

广 东 2019 年,全省平均气温 22.8℃,较常年偏高 0.9℃,为 1951 年有气象记录以来最高;年内,除 5 月气温较常年同期偏低外,其余各月均偏高。全省平均年降水量 1918.8 毫米,较常年偏多 7%;年内降水阶段性明显,1 月降水量显著偏少,2—5 月降水偏多,6—7 月降水偏少,8 月偏多,9—12 月降水持续偏少,其中 11 月为有气象记录以来同期最少。全省平均年日照时数 1749.0 小时,接近常年(1755.1 小时);除 9—12 月日照时数持续偏多外,其余各月均偏少,其中 5 月为有气象记录以来同期第二少。3 月 9 日广东开汛,较常年偏早近 1 个月;“龙舟水”期间(5 月 21 日至 6 月 20 日)全省平均降水量 383.8 毫米,为 2009 年以来同期最多,5 月底强降水致多地内涝,“6.10”暴雨致局地洪涝;有 2 个台风登陆或严重影响广东,较常年偏少 3.3 个;初台“韦帕”于 8 月 1 日登陆湛江,较常年偏晚 1 个多月。秋、冬季由于温高雨少,气象干旱发展,森林火险等级高。全年灰霾日数为 22 天,创近 35 年新低。2019 年主要气候特征是:气温高,高温天气多;降水偏多,但阶段性明显;开汛早,局部洪涝重;初台晚,台风少,影响小;秋冬干燥少雨,气象干旱发展。总体而言,2019 年属于一般气候年景。

广 西 2019 年,全区平均气温 21.1℃,较常年偏高 0.4℃;春、夏、秋季气温偏高,冬季接近常年同期。全区平均年降水量 1609.3 毫米,接近常年;秋季降水量较常年同期偏少,冬、春、夏季偏多。全区平均年日照时数 1398.0 小时,较常年偏少 119.2 小时;秋季日照时数较常年同期偏多,冬、春、夏季偏少。2019 年,暴雨日数与常年持平,共出现 8 次区域性暴雨天气过程,大部地区遭受洪涝灾害;全年共出现 10 次强对流天气过程,过程偏多;全年有 3 个台风影响,影响个数较常年偏少;全区高温日数较常年偏多,共出现 10 次大范围高温天气过程;春播期低温阴雨总日数偏少,结束期偏早;寒露风开始期偏晚,总日数偏少;部分地区出现秋冬连旱。2019 年气候条件对农业生产有利有弊,大部分时段光、温、水条件对农作物生长发育及农事活动较有利,年内低温阴雨寡照、台风给农业生产带来的不利影响比常年偏轻,暴雨、强对流及高温干旱等灾害性天气带来的影响较重。总体而言,2019 年属一般气候年景。

海 南 2019 年,全省平均气温 25.7℃,比常年偏高 1.2℃,居历史最高;四季气温均较常年同期偏高。全省平均年降水量 1629.5 毫米,较常年偏少 9.6%;冬、春、夏季降水量均较常年同期不同程度偏多,秋季偏少。全省平均年日照时数 1986.6 小时,较常年偏少 67.0 小时;冬、春、夏季日照时数较常年同期不同程度偏少,秋季偏多。年内,区域性暴雨过程出现 7 次,比常年偏少 3 次,综合强度总体偏弱,大部分为台风暴雨过程,非台风暴雨过程仅有 3 次。全省平均年高温日数 42 天,比常年偏多 22 天,为历史第二多。共有 9 个热带气旋影响本省,比常年偏少 1 个,其中 3 个登陆,较常年偏多 1 个,首个影响海南的热带气旋出现在 7 月上旬,较常年偏晚 6 旬,最后一个影响海南的热带气旋出现在 12 月下旬,较常年偏晚 3 旬。大部分热带气旋影响强度偏弱,灾害轻于常年。年内还发生多起雷雨大风、龙卷、大雾等气象灾害事件,并造成一定的经济损失。总体而言,2019 年气象灾害总体偏轻,气候对各行业影响利大于弊,属偏好气候年景。

重 庆 2019 年,全市平均气温 17.6℃,接近常年;冬季气温偏低,春、夏、秋季均接近常年同期。全市平均年降水量 1124.7 毫米,接近常年;冬季降水量偏少,春、夏、秋季均接近常年同期。全市平均年日照时数 1062.3 小时，接近常年；冬季日照时数偏少 42%；春、夏、秋季均接近常年同期。2019 年，大部地区入春、入秋和入冬时间偏早，入夏正常。总体涝重于旱，气象灾害偏轻。暴雨过程偏多，但强度偏弱，出现 13 场区域暴雨天气过程；年内共出现 6 段区域高温天气过程，高温强度总体接近常年，较 2018 年显著偏弱；气象干旱强度总体偏轻，但东北部局部地区较重；共出现 5 段区域连阴雨过程，强度较常年和 2018 年偏轻；华西秋雨开始早、结束晚、持续时间长，强度较常年和 2018 年偏强；出现 4 次区域强降温过程，总体强度较常年略偏重，较 2018 年偏轻；年内低温和霜冻偏轻。

四　川　2019 年，全省平均气温 15.4℃，较常年偏高 0.5℃，排历史第九高位；从各月来看，5 月、7 月、9 月气温偏低，其余 9 个月均偏高，其中 4 月排历史同期第二高。全省平均年降水量 1034.4 毫米，较常年偏多 8%；4 月、5 月、7 月、9 月、10 月降水量偏多，其中 10 月为历史同期最多，其余 7 个月均偏少。年内暴雨、大暴雨天气多，区域性暴雨过程多，属暴雨偏多年份。全省气象干旱总体为一般旱年，春旱和夏旱局地偏重，伏旱偏轻。年内高温天气范围广，攀西局地强度大。秋雨开始期接近常年，结束期推迟 6 天，雨期偏长 6 天，秋雨量偏多 81.3 毫米，综合强度属偏强年份。全年大风冰雹天气较常年偏少偏轻。全省大部地区降水偏多对农田水利工程蓄水有利，年底全省工程蓄水状况良好。全省平均雾日数多，冬季大雾天气多发影响正常交通运输，其中 1 月 11 日，成都双流国际机场因大雾造成 164 个进出港航班延误，14 个航班取消，近万名出行旅客被迫滞留机场。汛期暴雨洪涝及山洪泥石流灾害造成局地灾情损失重，其中汶川特大山洪泥石流灾害致 12 人遇难，25 人失联。攀西地区冬、春季高温少雨，季节性干旱偏重，森林火险气象等级高，发生多起森林火灾。综合评价，2019 年全省为正常气候年景。大、小春作物生长季的农业气候条件为正常偏好年景。

贵　州　2019 年，全省平均气温 16.1℃，较常年偏高 0.5℃；平均年降水量 1292.3 毫米，较常年偏多 9.8%；平均年日照时数 1167.5 小时，较常年偏少 1.3%。各季气候特点为：冬季气温较常年同期偏低，降水量偏多，日照时数偏少；春季气温偏高，降水量偏多，日照时数偏少；夏季气温偏高，降水量偏多，日照时数偏少；秋季气温偏高，降水量偏多，日照时数偏多。2019 年，遭受了低温雨雪凝冻、暴雨洪涝、风雹、大雾、秋绵雨等气象灾害及其诱发的次生地质灾害，给经济社会发展和人民生活生产造成不利影响。1 月份，全省两次出现低温雪凝天气，最多时有 81 个县（市、区）气温降至 0℃以下，50 个县（市、区）出现冻雨，高峰时，全省高速公路 7 个市（州）17 条 25 处处于管制状态，省内 11 个机场除茅台、兴义、毕节机场保持开放外其余机场一度关闭。年内全省共出现 13 次区域性暴雨过程，发生大范围暴雨洪涝灾害，造成 84 个县（市、区）不同程度受灾，局地灾情严重。3—4 月份出现多次大风、冰雹、短时强降水等天气过程，36 个县（市、区）不同程度遭受风雹灾害。7 月 23 日，贵州省六盘水市水城县鸡场镇发生特大山体滑坡灾害，因灾死亡 43 人，失踪 9 人；野马川镇发生一起山体垮塌，造成 1 人死亡，6 人失联。

云　南　2019 年，全省平均气温较常年偏高 1.2℃，创历史新高；年内除 12 月气温与常年持平外，其余各月均偏高，其中 5 月、6 月、8 月、11 月突破历史同期最高纪录。全省平均年降水量 888.4 毫米，较常年偏少 18.2%，列历史同期第三少；从时间分布来看，1 月降水量特多（1961 年以来同期第二多），7 月、9 月、10 月、12 月正常，其他各月偏少，其中 5 月和 11 月明显偏少。年内降水时空分布不均，春季出现 21 世纪以来仅次于 2010 年的严重干旱；雨季开始期创历史最晚纪录，雨季开始后强降水频发引发旱涝急转；雨季结束期接近常年，雨季长度偏短，降水偏少。全省平均年日照时数2141.7小时,较常年偏多121.0小时(偏多6.0%),为近5年最多;7月和9月日照时数较常年同期不同程度偏少,其余月份不同程度偏多。年内主要气象及其衍生灾害有冬季暴雨洪涝、春夏连旱、春季强对流天气、汛期局地洪涝和地质灾害、年末低温冷冻等,其中春夏连旱异常偏重。2019年灾害损失低于近10年平均值,但明显高于2017年和2018年。综合气候条件对经济、社会、生态各方面的影响分析,2019年属于中等偏下气候年景。

西　藏　2019年,全区平均气温为5.2℃,较常年偏高0.5℃;全区平均年降水量468.4毫米,接近常年(460.2毫米);全区平均年日照时数2514小时,较常年偏少202小时,为近39年最少。四季气候特征:冬季气温偏低,为近19年同期最低,降水量偏多,为近39年最多,日照时数偏少;春季气温略偏高,降水量略偏少,日照时数偏少;夏季气温略偏高,降水量接近常年,日照时数偏少;秋季气温偏高,降水量略多,日照时数偏少。雨季开始期较常年偏迟27天、结束期偏迟3天。年内多地出现了雪灾、干旱、洪涝、冰雹、雷电、大风、泥石流和山体滑坡等气象灾害,对交通、市政、水利等基础设施和农牧民生产生活等造成不利影响。2019年主要的农业气象灾害是干旱、冰雹、洪涝和部分病虫害,总体上灾害发生种类和频次及灾害面积略微较2018年严重,对作物产量的形成有一定的影响。

陕　西　2019年,全省平均气温12.8℃,较常年偏高0.7℃;冬季、夏季气温接近常年同期,春季显著偏高,为1961年以来同期最高,秋季气温偏低。全省平均年降水量699.4毫米,较常年偏多11%;冬、春季降水量较常年同期偏少,夏季接近常年,秋季明显偏多,为2000年以来同期第四多。全省平均年日照时数1734.7小时,较常年偏少311小时。冬季降雪范围广,积雪深,影响严重;春季寒潮降温强,气象干旱持续发展,林火灾害影响严重。关中、陕南春季首场透墒雨偏晚,范围广,雨量大;夏季暴雨多、强度大,8月2—4日大暴雨灾害重;秋季连阴雨持续时间长、雨量大,强度强。冬小麦和秋粮生育期气象条件较为适宜,利于作物的增产丰收。各主要果区生长期气象条件适宜,但秋季阴雨持续,光照少,对果实着色、成熟等有一定影响。2019年发生低温冷冻、暴雨洪涝、风雹等气象灾害,总体看属气象灾害偏轻年景。

甘　肃　2019年,全省平均气温为8.9℃,较常年偏高0.7℃。各月平均气温与常年同期相比,1月、5月和7月偏低,其中5月为2002年以来最低;其他月份偏高,其中4月为1999年以来最高。全省平均年降水量491.1毫米,较常年偏多22.4%,其中河西245.4毫米,偏多55%,为1961年以来最多。各月降水量与常年同期相比,3月和12月偏少,其余各月均偏多,其中6月为2000年以来最多。全省平均年日照时数2200小时,较常年偏少237小时,为1961年以来最少。年内强降水过程多、强度大,出现4次区域性暴雨过程,河西极端日降水事件为1961年以来次多,强降水引发山洪、滑坡、泥石流等灾害,造成损失重;全省出现12次区域性连阴雨天气过程,对农业、交通以及人体健康等造成一定影响;冰雹次数少,陇中、陇东农业受灾重;高温日数近5年最少;大风沙尘日数少,5月出现一次区域性沙尘暴;干旱对农业影响轻,未出现区域性干旱;寒潮、强降温天气少,部分市(州)农作物受灾。年内全省大部墒情适宜,农业气象条件整体利于作物生长发育。总体上看,2019年属气候条件较好年景。

青　海　2019年,全省平均气温3.1℃,较常年偏高0.8℃,全省年平均降水量439.2毫米,较常年(370.7毫米)偏多2成。年内气候总体平稳,但极端天气气候事件时有发生,主要气候事件有:冬、春季发生特大雪灾;4月农业区出现历史最早高温;夏季冰雹灾害严重;强降水出现早,局地性特点明显;青南牧区发生多起雷击事件,造成人员伤亡;玉树持续多雨造成山体滑坡；夏季阶段性低温，出现2000年以来最凉爽7月；黄河上游地区冬春降水偏多，6月出现汛情；西宁秋季降水量为历史最多；降水偏多利于青海湖水位持续上升、水域面积扩大。2019年，东部农业区主要农作物热量资源充沛，但夏季暴雨洪涝以及冰雹灾害造成一定损失，农业气候年景综合评定为“平年”。主要牧业区牧草生长期内，发生多起暴雨洪涝灾害事件，对牧草生长发育及产量造成一定影响，牧草气候年景综合评定为“平偏丰年”。年内黄河上游、长江源区、青海湖流域大部地区降水量偏多或特多，青海湖水位恢复到20世纪60年代初水平，黄河上游为异常丰水年，长江源区、青海湖流域为丰水年。

宁　夏　2019年，全区平均气温9.4℃，较常年偏高0.9℃，为1997年以来连续23年偏高；冬季气温偏低，春、夏、秋季不同程度偏高。全区平均年降水量341.7毫米，较常年偏多27%，为2011年以来连续9年偏多；四季降水量均不同程度偏多。全区平均年日照时数2572小时，较常年偏少262小时；四季日照时数均不同程度偏少。年内主要气候事件有：入春早气温波动大，4月平均气温创1961年以来同期新高，5月跌至近17年来同期最低；出现了近15年少见的“凉爽”夏季，中北部平均高温日数仅为3天。降水时空分布差异大，南部山区连续8个月多雨(雪)，中雨以上日数创1961年以来新高，泾源年降水量达1019.8毫米，为宁夏有气象记录以来首次单站年降水量破“千”；灌区6月降水量占夏季降水量比例创新高；6月中下旬连阴雨过程持续时间之长、范围之广创同期纪录；各地初雪日期偏早。2019年各类作物气候适宜度均属适宜，冬小麦生育期气象条件好于春小麦，玉米好于水稻，气象条件对酿酒葡萄品质形成有利，对枸杞生长发育不利。2019年总体属于偏好年景，暴雨洪涝、风雹、低温冷冻等灾害造成的损失明显轻于2018年。

新　疆　2019年，全区平均气温9.1℃，较常年偏高0.9℃，其中北疆偏高0.9℃，天山山区和南疆均偏高0.8℃；2018/2019年冬季气温偏低，春、夏、秋季持续偏高；北疆7—8月平均气温24.4℃，破历史纪录。全区平均年降水量170.0毫米，与常年持平，其中北疆偏少6%，天山山区偏多8%，南疆偏多1%；冬季和夏季降水量较常年同期偏少，春季和秋季偏多。2019年开春期、入冬期和终霜期，大部地区均较常年偏早；2019年初霜期大部偏晚；2018/2019年冬季北疆大部、和田及巴州南部最大积雪深度较常年偏厚。主要天气气候事件有：6月24—28日塔里木盆地南缘局地暴雨、盛夏7—8月北疆高温、夏季南疆大风过程、秋季南疆极端降雨、深秋11月多股冷空气袭击北疆、年末北疆沿天山一带大雾长时间维持等。年内主要气象灾害有大风、暴雨洪涝及其衍生的地质灾害、冰雹、沙尘暴、冻害和雪灾等，其中风沙灾害损失最大，其次是冰雹和暴雨洪涝，全区气象灾害总体呈中度偏重发生。2019年，全区农牧业气象年景为一般，差于2018年。

附录A 资料、方法及标准

A1. 资料

本书所使用的地面气象观测资料由中国气象局国家气象信息中心提供。地面基本观测资料采用了1961—2017年中国区域2400多个气象观测站资料，其中霜冻日数、降雪日数采用的是700多站资料；台风路径资料采用的是中国气象局热带气旋最佳路径数据集；气候系统分析采用的是NCEP/NCAR全球大气再分析资料；气象灾害损失资料由中华人民共和国应急管理部提供；2017年度各省（区、市）气候影响评估摘要摘自相关省（区、市）年度评价或公报；香港、澳门特别行政区及台湾省资料暂缺。

A2. 南海夏季风

南海季风是指中国南海区域盛行风向随季节有显著变化的风系，属于热带性质的季风，夏半年南海低层盛行西南风，高层为偏东风。

南海夏季风爆发定义：以南海季风监测区内（10°～20°N，110°～120°E）850百帕平均纬向风和假相当位温为主要监测指标，当监测区内平均纬向风由东风稳定转为西风以及假相当位温稳定地大于340 K的时间（持续2候、中断不超过1候，或持续3候及以上），为南海夏季风爆发的主要指标。同时参考200百帕、850百帕、500百帕位势高度场的演变。

A3. 东亚夏季风

季风地区夏季由海洋吹向大陆的盛行风。由于夏季亚洲大陆上为巨大的热低压控制，海洋上是高气压，气流由高气压区吹向低气压区，形成夏季风。位于低压南部的南亚、东南亚及中国西南一带，盛行西南季风；位于低压东部的中国东部地区，盛行东南季风。东亚夏季风以阶段性的而非连续的方式进行季节推进和撤退，北进经历两次突然北跳和三次静止阶段。在这个过程中，季风雨带和季风气流以及相应的季风气团也类似地向北运动。

由于亚洲夏季风具有广阔的空间和时间尺度变率，许多学者从不同方面定义了不同的季风指数，书中采用东亚热带和副热带纬向风差值来定义东亚夏季风指数。

A4. 厄尔尼诺/拉尼娜

厄尔尼诺/拉尼娜是指赤道中、东太平洋海表大范围持续异常偏暖/冷的现象，是气候系统年际气候变化中的最强信号。厄尔尼诺/拉尼娜事件的发生，不仅会直接造成热带太平洋及其附近地区的干旱、暴雨等灾害性极端天气气候事件，还会以遥相关的形式间接地影响到全球其他地区天气气候并引发气象灾害。

厄尔尼诺/拉尼娜事件判别方法：Niño3.4指数3个月滑动平均的绝对值（保留一位小数，下同）达到或超过0.5℃且持续至少5个月，判定为一次厄尔尼诺/拉尼娜事件（Niño3.4指数≥0.5℃为厄尔尼诺事件；Niño3.4指数≤−0.5℃为拉尼娜事件）。

A5. 干旱评价方法与标准

由于发生干旱的原因是多方面的，影响干旱严重程度的因子也很多，所以确定干旱的指标是一个复杂的问题。另外，干旱也有多种含义，在气象学意义上，又分为长期干旱和短期干旱，长期干旱即在某特定气候条件下，历史上长期性持续缺少降水，一般年份降水量不足200毫米，形成固有的干旱气候，这些地区为干旱地区，如我国南疆盆地等，一般不做这种干旱监测；短期干旱是指某些地区因天气气候异常，使某一时段内降水异常减少，水分短缺的现象，它可以出现在干旱或半干旱地区的任何季节，也可以出现在半湿润，甚至湿润地区的任何季节，这种干旱最容易造成灾害，本书主要是针对这种干旱进行监测与评价。气象干旱综合指数(MCI)考虑了60天内的有效降水(权重平均降水)和蒸发(相对湿润度)的影响，季度尺度(90天)和近半年尺度(150天)降水长期亏缺的影响。该指标适合实时气象干旱监测，以及气象干旱对农业和水资源的影响评估。气象干旱综合指数的计算公式如下：

$$MCI = a \times SPIW_{60} + b \times MI_{30} + c \times SPI_{90} + d \times SPI_{150} \quad (A.1)$$

$$SPIW_{60} = SPI(WAP) \quad (A.2)$$

$$WAP = \sum_{n=0}^{60} 0.95^n P_n \quad (A.3)$$

式中，$SPIW_{60}$为近60天标准化权重降水指数，标准化处理计算方法参考《气象干旱等级》(GB/T 20481—2006)；P_n 为距离当天前第 n 天降水量；MI_{30}为近30天湿润度指数，计算方法参考《气象干旱等级》(GB/T 20481—2006)；SPI_{90}、SPI_{150}分别为90天和150天标准化降水指数，计算方法参考《气象干旱等级》(GB/T 20481—2006)；a、b、c、d 权重系数随着地区和季节变化进行调整，北方冬、春季一般取0.2、0.2、0.3、0.4，夏、秋季一般取：0.3、0.4、0.3、0.2；南方冬、春季一般取0.3、0.4、0.3、0.2，夏、秋季一般取0.5、0.6、0.2、0.1，需要说明的是，系数 a、b、c、d 可根据当地气候状况和季节变化进行调整，这里给出的是参考值。气象干旱过程的确定和评价同《GB/T 20481—2006 气象干旱等级》。气象干旱综合指数等级划分标准如表A-1所示。

表A-1 气象干旱综合指数等级划分标准

等级	类型	MCI	干旱影响程度
1	无旱	>-0.5	地表湿润，作物水分供应充足；地表水资源充足，能满足人们生产、生活需要
2	轻旱	$-1.0\sim-0.5$	地表空气干燥，土壤出现水分轻度不足，作物轻微缺水，叶色不正；水资源出现短缺，但对人们生产、生活影响不大
3	中旱	$-1.5\sim-1.0$	土壤表面干燥，土壤出现水分不足，作物叶片出现萎蔫现象；水资源短缺，对人们生产、生活产生影响
4	重旱	$-2.0\sim-1.5$	土壤水分持续严重不足，出现干土层，作物出现枯死现象，产量下降；河流出现断流，水资源严重不足，对人们生产、生活产生较重影响
5	特旱	$\leqslant-2.0$	土壤水分持续严重不足，出现较厚干土层，作物出现大面积枯死，产量严重下降，甚至绝收；多条河流出现断流，水资源严重不足，对人们生产、生活产生严重影响

某时段(月、季、年)干旱综合指数(MCI_t)：

$$MCI_t = \frac{2}{n}\sum_{k=1}^{n} MCI_k，当\ MCI_k \leqslant -0.5\ 时 \quad (A.4)$$

式中，MCI_k 为某站(区域)k 日干旱综合指数，n 为某时段内的总天数。

某区域干旱综合指数(MCI_d)：

$$MCI_d = \frac{2}{m}\sum_{j=1}^{m} MCI_j, \text{当 } MCI_j \leqslant -0.5 \text{ 时} \tag{A.5}$$

式中，MCI_j 为某日(时段)j 站干旱综合指数，m 为某区域内的站数。区域干旱综合指数(MCI_d)等级及相应的干旱类型见表 A-2。

表 A-2 区域干旱综合指数(MCI_d)和时段干旱综合指数(MCI_t)等级划分标准

MCI_d 或 MCI_t 值	等级	干旱类型
MCI_d或 $MCI_t \geqslant -0.5$	4	无干旱
$-1.0 \leqslant MCI_d$或 $MCI_t < -0.5$	5	轻旱
$-1.5 \leqslant MCI_d$或 $MCI_t < -1.0$	6	中旱
MCI_d或 $MCI_t < -1.5$	7	重旱

本书只对常年年降水量大于 200 毫米的地区和旬平均气温大于 0℃的时段进行评价，对常年干旱地区和植物停止生长的季节不进行评价。此外，还参考各省(区、市)气象部门以及民政、农业、水利等部门反映的受灾情况来确定干旱的范围和程度。

A6. 暴雨洪涝评价方法与标准

本书采用夏季降水百分位数、月降水量距平百分率及旬降水总量等指标对 2019 年全国(主要考虑年降水量 400 毫米等值线以东、以南地区)暴雨洪涝情况进行评述。考虑到地区之间的气候差异，规定了不同地区评述暴雨洪涝的季节，即黄淮海、东北、西北地区为 6—8 月，长江中下游地区为 4—9 月，华南地区为 4—10 月，西南地区为 6—9 月。

(1)降水百分位数

$$r = \frac{m}{n+1} \times 100\% \tag{A.6}$$

式中，r 为降水百分位数，m 为按升序排列后的序号，n 为样本数。

当 $90\% > r \geqslant 80\%$ 为一般洪涝；$r \geqslant 90\%$ 为严重洪涝。

(2)月降水量距平百分率

$$P = \frac{R - \bar{R}}{\bar{R}} \times 100\% \tag{A.7}$$

式中，P 为月降水量距平百分率，R 为当年某月的实际降水量，$\bar{R}$ 为某月降水量常年值(1981—2010 年平均)。

当 $200\% \geqslant P \geqslant 100\%$(华南 $150\% \geqslant P \geqslant 75\%$)为一般洪涝；$P > 200\%$(华南 $P > 150\%$)为严重洪涝。

(3)旬降水量

当一个旬降水量达到 250～350 毫米(东北 200～300 毫米，华南、川西 300～400 毫米)为一般洪涝。

一个旬降水量>350 毫米(东北>300 毫米，华南、川西>400 毫米)为严重洪涝。

当两个旬降水总量达到 350～500 毫米(东北 300～450 毫米，华南、川西 400～600 毫米)为一般洪涝。

两个旬降水总量>500 毫米(东北>450 毫米，华南、川西>600 毫米)为严重洪涝。

A7. 台风指数评价方法

(1)台风灾害影响综合评估指数

根据中华人民共和国气象行业标准《台风灾害影响评估技术规范》(QX/T 170—2012)定义,台风灾害影响综合评估指数(composite index for damage caused by typhoon, CIDT)是指总体上描述某次台风过程对全国或某省(区、市)的灾害影响程度的指数。本书中将一年之中所有台风的 CIDT 指数之和定义为年台风灾害影响综合评估指数(YCIDT),而且计算区域为全国。CIDT 计算公式为:

$$\mathrm{CIDT} = 10 \times \sqrt{\sum_{i=1}^{4} a_i d_i} \tag{A.8}$$

式中,a_i 为灾害因子系数,其取值见表 A-3;d_i 是灾害因子,d_1 为死亡失踪人数,d_2 为农作物受灾面积(单位为千公顷),d_3 为倒塌房屋数(单位为万间),d_4 为直接经济损失率。d_4 计算公式为:

$$d_4 = \frac{\mathrm{DEL}}{\mathrm{GDP}} \times 10000 \tag{A.9}$$

式中,DEL 为直接经济损失(单位为亿元),GDP 为上一年国内生产总值(单位为亿元)。

表 A-3　台风灾害影响的评估因子系数

	a_1	a_2	a_3	a_4
系数	1.279×10^{-3}	2.648×10^{-4}	3.019×10^{-2}	1.974×10^{-2}

(2)台风累计气旋能量指数

台风累积气旋能量指数(accumulative cyclone energy, ACE)定义为某个时段内所有台风生命史中,热带风暴及以上级别的 6 小时路径点风速强度的平方之和,本书中 ACE 指数计算时段为年。

(3)热带气旋年潜在影响力指数(TCPI)

对于单个热带气旋过程,TCPI 指数定义公式为:

$$\mathrm{TCPI} = \sum_{i=1}^{N}\sum_{j=1}^{M} b_j (a_j \bar{v}_i)^2 \tag{A.10}$$

式中,$i=1,\cdots,N$,表示某次热带气旋过程对某地区(面状)影响的次数(以每 6 小时做一次统计);$j=1,\cdots,M$,表示热带气旋不同的影响区域,即在不同的区域热带气旋的影响强度有差别,以系数 a 为权重;$\bar{v}_i$ 为该次平均的热带气旋中心附近最大平均风速;b 表示某地区受热带气旋影响的面积权重,若该地区完全在热带气旋某影响区域内,则 b 为 1,若部分在,则依影响范围,b 取值在 0~1,若不在,则 b 取值为 0。若将该地区各年热带气旋过程中的 TCPI 进行累加,得到年 TCPI 指数(YTCPI),利用此指数可以分析该地区受热带气旋潜在影响的年际变化特征。

如果以全国为研究单位,(A.10)式可以变换为另外一种形式:

$$\mathrm{TCPI} = \frac{1}{S}\left[\sum_{i=1}^{N}\sum_{j=1}^{M} b_{1j}(a_j\bar{v}_i)^2 + \sum_{i=1}^{N}\sum_{j=1}^{M} b_{2j}(a_j\bar{v}_i)^2 + \cdots + \sum_{i=1}^{N}\sum_{j=1}^{M} b_{Lj}(a_j\bar{v}_i)^2\right] \tag{A.11}$$

定义

$$\mathrm{TCPI}_k = \sum_{i=1}^{N}\sum_{j=1}^{M} b_{kj}(a_j\bar{v}_i)^2 \tag{A.12}$$

式中，$k=1,2,\cdots,L$，则

$$\mathrm{TCPI}=\frac{1}{S}(\mathrm{TCPI}_1+\mathrm{TCPI}_2+\cdots+\mathrm{TCPI}_L) \tag{A.13}$$

式中，S 为全国的面积，而 b_{1j} 为第一个省份在第 j 个影响区域内的面积，而不是面积权重了，共有 L 个省份，其他参数同式（A.10），这样就可以看出 TCPI 在全国各省的分配情况。如（A.12）式所示，称 TCPI_k 为某省的贡献值，将 TCPI_k 与 S 的比值称为该省的相对贡献值。具体的计算方法详见相关文献（尹宜舟 等，2013）。

A8. 气候指数

气候指数是基于历史气候资料和未来气候预测结果，通过判断极端天气气候事件致灾阈值、结合社会经济数据及实际灾害损失分析，采用科学的方法对单一或综合气候灾害风险进行的定量化评价。由财新智库和国家气候中心联合发布的中国气候指数系列于 2017 年 3 月 6 日在北京首发。该指数系列为国内首创，填补了气候指数研发空白，开创了气候大数据服务实体经济之先河。中国气候指数系列将打造气候大数据开发应用的新坐标，结构化的气候信息将服务企业生产和居民生活的方方面面，拓宽新经济的广度和深度。

目前，中国气候指数系列包括中国气候风险指数（Climate Risk Index，CRI）、雨涝指数、干旱指数、台风指数、高温指数、低温冰冻指数等。月度指数于每月 5 日定期更新。

气候风险指数：是基于中国逐月干旱指数、暴雨指数、高温指数、低温冰冻指数和台风指数以及近年来气象灾害损失数据来计算。

低温指数：是基于候平均气温偏低程度等级以及候降雪日数进行非线性组合求得。

高温指数：是根据日最高气温等级及日最高气温≥35℃持续天数的非线性组合与日最低气温等级及日最低气温≥25℃的持续天数的非线性组合进行算术平均求得。

台风指数：是基于台风影响期间气象站点风雨资料，充分考虑站点间历史气象要素的差异性、气象要素量级间的差异性、风雨指标间的差异性等，对要素进行加权平均得到，风因子选用日最大风速，雨因子选用日降雨量。

暴雨指数：是根据日降水量等级与强降水日数的非线性关系计算得到。

干旱指数：是基于评估干旱程度的最近 30 天标准化降水指数，划分相应级别，确定日干旱指数并累计求得。

A9. 冬麦区气候条件评价方法

（1）评价区域的确定

选取冬小麦主产区的河北、北京、天津、山东、山西、河南、江苏、安徽、陕西、甘肃等省（市），根据冬小麦品种特性以及耕作措施将冬小麦分成不同区域。

（2）评价方法

根据冬小麦各生育期降水、气温、活动积温以及日照时数等要素及其与常年值比较分析，结合冬小麦不同生育期对光、温、水的要求，评价 2016 年冬麦区气候条件对冬小麦生长发育的影响。

A10. 气候对水资源影响评价方法与标准

A10.1　年降水资源评估方法

（1）各省（区、市）年降水资源量计算方法

$$R_i = S_i \times \frac{1}{n}\sum_{j=1}^{n} R_j \text{ 其中 } j = 1,2,3,\cdots,n \tag{A.14}$$

式中，R_j 为省(区、市)年降水资源量，R_j 为单站年降水量，$j = 1,2,3,\cdots,n$ 为各省(区、市)内的气象站数。$i=1,2,3,\cdots,31$，为全国 31 个省(区、市)。S_i 为各省(区、市)面积。

(2)全国年降水资源计算方法

$$R = \sum_{i=1}^{31} S_i \times \sum_{i=1}^{31} P_i R_i, P_i = S_i / \sum_{i=1}^{31} S_i \tag{A.15}$$

式中，P_i 为各省(区、市)的面积加权系数，R 为全国年降水资源。

(3)年降水资源评估方法

全国及各省(区、市)的年降水资源基本服从正态分布，按照年降水资源量偏离各自多年平均值的程度，将全国及各省(区、市)的年降水资源划分为 5 个等级(表 A-4)，表示降水资源的丰枯状况。

表 A-4　年降水资源丰枯评估标准

年型	判别式
异常丰水年	$RS > \overline{R} + 1.5\sigma$
丰水年	$\overline{R} + 1.5\sigma \geqslant RS \geqslant \overline{R} + 0.7\sigma$
正常年	$\overline{R} + 0.7\sigma > RS > \overline{R} - 0.7\sigma$
枯水年	$\overline{R} - 0.7\sigma \geqslant RS \geqslant \overline{R} - 1.5\sigma$
异常枯水年	$\overline{R} - 1.5\sigma > RS$

注：RS、$\overline{R}$、σ 分别为全国或各省(区、市)的年降水资源、1981—2010 年多年平均值、均方差。

A10.2　全国年水资源总量评估方法

(1)水资源总量估算方法

区域水资源总量是指评价区域内地表水和地下水的总补给量。

由于实际统计水资源总量时，涉及项目广，需要详细的大量调查资料，计算复杂，对气候评价业务来讲难度大。考虑到水资源总量与年降水资源量关系密切，采用统计方法，解决水资源总量的计算问题，进而实现水资源总量丰枯评估。

(2)水资源总量线性估算方程表示如下

$$W_{\text{水资源总量}} = a_i \times W_{\text{年降水资源总量}} + b_i \tag{A.16}$$

式中，a_i、b_i 为各省(区、市)的参数。该方法计算精度受建模资料序列长度和值域的影响较大。

全国年水资源总量为各省(区、市)年水资源总量的总和。

(3)水资源总量评估指标

评估指标确定同年降水资源评估方法类似，表 A-4 中的 RS、$\overline{R}$、σ 值分别为全国或各省(区、市)的水资源总量、1981—2010 年多年平均值和均方差。

(4)水资源短缺状况等级划分指标

水资源短缺表现为用水需求得不到保障。除与水资源数量及其时空分布、气候条件等自然因素有关外，还与经济结构、用水习惯和水平、管理状况等因素密切相关。人均年水资源量(立方米/人)为反映水资源短缺状况的一种常用指数，用于水资源短缺风险问题研究。这里采用联合国水资源短缺状况分类等级标准进行评估(表 A-5)。

表 A-5 水资源短缺状况等级划分指标

水资源短缺状况	等级标准(人均年水资源总量,单位:米^3/人)
脆弱	1700～2500
紧张	1000～1700
缺水	500～1000
极缺	<500

(5)十大流域年地表水资源评估

十大流域年地表水资源评估根据各流域的降雨—径流关系,建立年降水量和年径流深之间的统计模型,用于十大流域的年地表水资源评估工作。具体计算过程为,依据径流系数的概念,首先根据算术平均法计算全国十大流域年降水量,通过文献查阅获取十大流域径流系数,利用十大流域年降水量乘以径流系数,可得流域的年径流深,并进一步结合流域面积,可计算得到流域年地表水资源量。

A11. 大气自净能力评价方法与标准

根据气象地面观测逐日一天 4 次气象观测资料,包括风速、总云量、低云量、降水量等观测值,通过定量计算描述大气对污染物通风稀释和雨洗能力的大气自净能力系数。大气自净能力指数越大,表示大气对污染物清除能力越强;反之,大气自净能力指数越小,则表示大气对污染物清除能力越弱,气象条件不利于大气污染物的扩散。

大气自净能力指数的计算方法如下:

$$\mathrm{ASI} = 8.64 \times 10^{-2} \times \left[\frac{\sqrt{\pi}}{2} \times V_E + \sum\nolimits_{i=1}^{n} (0.17 \times R_i \times \sqrt{S} \times 10^3)\right] \times C_s / \sqrt{S} \quad (\mathrm{A}.17)$$

式中,ASI 为大气自净能力指数(单位为吨/(天·千米^2));n 为一天中降水的小时数;R 为每小时降水量(单位为毫米/时);S 为区域面积(单位为平方千米);C_s 为污染物标准浓度(单位为毫克/米^3),这里取秋冬季主要污染物 $PM_{2.5}$ 二级空气质量标准 0.075 毫克/米^3。由于排放到大气中 $PM_{2.5}$ 主要依靠通风和降水的物理作用来清除,因此,ASI 可以较好地反映清除 $PM_{2.5}$ 的气象条件。

通风量是描述大气对污染物稀释扩散能力的污染气象参数,数学表达为:

$$V_E = \int_0^H u(z)\mathrm{d}z \quad (\mathrm{A}.18)$$

即在混合层高度内,风速与高度乘积的总和,表达了大气动力与热力综合作用下对大气污染物的清除能力。公式(A.18)中 u 表示近地层风速,随距离地面高度变化(单位为米/秒);H 为混合层高度,与大气稳定度和地面风速有关(单位为米)。

A12. 气候对能源影响评价方法与标准

A12.1 北方冬季采暖耗能评估

(1)地区及资料的选取

选取北方 15 个省(区、市)(黑龙江、吉林、辽宁、内蒙古、新疆、青海、甘肃、宁夏、陕西、山西、河北、河南、山东及北京、天津)的逐日平均气温及月平均气温资料。多年平均值采用 1981—2010 年 30 年平均。

(2)采暖期的确定

根据《中华人民共和国标准:采暖、通风与空气调节规范》的规定,日平均温度稳定≤5℃的日期为采暖起始日期,日平均温度稳定≥5℃的日期为采暖结束日期,其间的天数为采暖期长度。

(3)采暖度日的定义

采暖度日是计算热状况的一种单位,为某一基准温度与日平均气温之差。我国以5℃作为计算采暖度日的基础温度,日采暖度日表达式为:

$$D_i = t_0 - t_i \tag{A.19}$$

式中,D_i 为某日的采暖度日值;t_0 为基础气温(选定为5℃),t_i 为逐日平均气温(单位为℃)。D_i 取正值,若某日平均气温大于基础气温,则该日采暖度日为0。

一段时期内的采暖度日总量可以反映出该时段温度的高低,度日值越大,表示温度越低;反之,表示温度高。

(4)主采暖期的确定

由于我国北方采暖区范围大,气候条件差异明显,各地主要采暖期不能以统一的日期来确定,为此,依据各站多年平均采暖期开始和结束日期,若采暖起、止月内采暖天数超过20天以上,则确定该月为主采暖期的开始和结束月;否则,以其后一个月或前一个月为主采暖期的起、止月。

(5)北方采暖耗能评估模型

研究表明,采暖期度日总量的变化可以反映该采暖季采暖需求(采暖耗能)的变化。利用采暖度日与温度之间的相关性,建立单站及区域主采暖期及月的采暖耗能评估模型。

由于冬季(12月至次年2月)的温度变化对整个采暖季的采暖需求(耗能)起决定性作用,因此,将各站主采暖期度日变率(即距平百分率)与冬季平均气温距平建立主采暖期采暖耗能评估模型,用于对整个采暖季(冬季)采暖耗能进行定量评估。区域主采暖期及月采暖评估方法与此类似。

A12.2　夏季降温耗能评估模型

(1)降温度日的定义

降温度日数是指一段时间(月、季或年)内日平均温度高于某一基础温度的累积度数。如果日平均温度低于该基础温度,则这一天无降温度日数。降温度日数越大,表示温度越高。

$$D = t - t_0 \tag{A.20}$$

式中,D 为降温度日值;t_0 为基础气温;t 为逐日平均气温(单位为℃)。

(2)基础温度的设定

考虑到我国南方地区夏季气温高且持续时间长,降温设备的使用更加普遍,相应地降温耗能受气温的影响也更大,因此,将基础温度设定为25℃。

(3)降温电量测算方法

先测算降温负荷。采用基准负荷法进行降温负荷的测算,直接利用电网的负荷曲线来推算降温负荷曲线。每日降温负荷由96点(国家电网每15分钟记录一次用电负荷,每24小时累计96个点)日负荷曲线减去96点基础负荷曲线获得,即

$$P_{c,d,h} = P_{d,h} - P_{dt,h} \tag{A.21}$$

式中,$P_{c,d,h}$ 为 d 天 h 小时的降温负荷;$P_{d,h}$ 为 d 天 h 小时的总负荷;$P_{dt,h}$ 为 d 天所对应的典型

日h小时的基础负荷。典型日基础负荷曲线为春季典型日(4月15日至5月15日)负荷曲线与秋季典型日(9月15日至10月15日)负荷曲线的平均值。

降温电量为降温负荷在时间上的积分,发电量为负荷曲线在时间上的积分。降温电量占比为降温电量与发电量的比值。

(4)夏季降温评估模型

利用各省夏季降温用电量占比与降温度日、降温度日距平和最高温距平3个变量建立降温耗能评估模型。模型如下:

$$\begin{aligned} \mathrm{erate}_i = & -7.984\mathrm{e}^{-2} + 1.137\mathrm{e}^{-3} \times \mathrm{cdd} - 2.092\mathrm{e}^{-6} \times \mathrm{cdd}^2 + 2.654\mathrm{e}^{-3} \times \mathrm{cddjp} \\ & - 1.952\mathrm{e}^{-5} \times \mathrm{cddjp}^2 + 3.902\mathrm{e}^{-2} \times \mathrm{tmaxjp} + \varepsilon_i \end{aligned} \tag{A.22}$$

式中,erate_i为第i省夏季降温用电量占比;cdd、cddjp、tmaxjp分别为第i省夏季降温度日、降温度日距平、最高温距平;ε_i为各省(区、市)的个体差异系数。降温用电量及占比数据来自2017年省级电力部门,气象数据来自中国气象局。多年平均值采用1981—2010年30年平均。

A13. 交通运营不利天气计算方法

交通运营不利天气包括10毫米以上降水、雪、冻雨、雾及扬沙、沙尘暴、大风等天气。交通运营不利天气日数是指一段时期内,累计发生一种或几种上述天气现象日数的总和。

附录B　2019年全国主要冰雹与龙卷风事件

(1)2月17—18日，云南省德宏、红河、文山、昆明、临沧、西双版纳等7市(自治州)19个县(市、区)部分地区发生风雹灾害。其中，红河哈尼族彝族自治州屏边苗族自治县最大冰雹直径3毫米，瞬时最大风速22.2米/秒；文山壮族苗族自治州马关县极大风速达23.4米/秒；德宏傣族景颇族自治州梁河县瞬时风极大值达25.8米/秒。共计4.1万人受灾；6300余间房屋不同程度损坏；烤烟、蔬菜、甘蔗、猕猴桃、香蕉、枇杷等农作物受灾面积2300公顷，其中绝收面积近500公顷；直接经济损失4500余万元。

(2)3月19—21日，江西省出现区域性强对流天气。全省有71个县(市)出现雷电；42个县(市)出现8级以上大风，以庐山34.4米/秒(12级)为最大，为历史罕见；17个县(市、区)观测到冰雹，冰雹直径以南昌县12毫米为最大。此次风雹天气造成鹰潭、上饶、南昌、萍乡、抚州、吉安6市23县(市、区)共16.6万人受灾，因灾死亡6人；农作物受灾面积4500公顷，其中绝收面积近100公顷；倒塌房屋112间，严重损坏房屋354间，一般损坏房屋1万余间；直接经济损失7.5亿元。

(3)3月21日，湖南省衡阳市衡阳县，邵阳市邵阳县，株洲市醴陵市、茶陵县，常德市安乡县、汉寿县部分乡镇出现了短时雷暴、大风及冰雹强对流天气，其中衡阳县冰雹最大直径14毫米。共计3.2万人受灾；农作物受灾面积557公顷，其中绝收面积43公顷；倒塌房屋60多间，损坏房屋近4000间；直接经济损失6000余万元。

(4)4月13日14时15分左右，广东省湛江市徐闻县和安镇突发龙卷风，陆地最大风速50.7米/秒(15级)，降水量43.4毫米(大雨)，此次龙卷风造成1人死亡，5人受伤。

(5)4月18—22日，贵州省贵阳、遵义、安顺、毕节、铜仁、黔南等7市(州)24个县(市、区)遭受雷雨大风、冰雹、暴雨等强对流天气袭击。其中，贵阳市白云区监测点最大冰雹直径8毫米；花溪城区冰雹直径15毫米左右；乌当区最大冰雹直径20毫米。黔南布依族苗族自治州贵定县最大冰雹直径10毫米；惠水县最大风力9级大风(风速22.5米/秒)；福泉市最大冰雹直径17毫米，降雹时长15分钟，最大风力9级。安顺市平坝区冰雹直径8～10毫米；西秀区最大冰雹直径达20毫米；毕节大方县冰雹最大直径20毫米。全省共计18.4万人受灾，2人溺水死亡；3100余间房屋不同程度损坏；油菜、马铃薯、玉米、烤烟、蔬菜、果园等农作物受灾面积1.29万公顷，其中绝收面积2800公顷；直接经济损失1.7亿元。

(6)4月24日，山西省忻州、长治、临汾、运城、晋中等市23个县(区)的部分乡镇出现冰雹。其中，晋中市寿阳县、榆社县、祁县冰雹最大直径约30毫米，持续时间15～20分钟，3县共计受灾人口9957人，玉米、高粱、蔬菜及梨、杏、核桃、药材等受灾面积759公顷，直接经济损失4160余万元；运城市平陆县最大冰雹直径20毫米，持续时间约15分钟，2134公顷农作物和经济林受灾，已经拔节孕穗的小麦出现了大面积倒伏，正值幼果期的桃树、梨树、苹果树树叶撒落一地，大部分果面被冰雹砸伤并出现黑斑，一些果树树枝也被冰雹砸裂。

(7)4 月 24 日，湖南省湘西、娄底 2 市(自治州)3 个县(市)遭受风雹灾害，其中湘西土家族苗族自治州凤凰县冰雹最长持续时间半小时，冰雹直径约 9 毫米。总计 5.7 万人受灾；200 余间房屋不同程度损坏；稻田秧苗、玉米、油菜、蔬菜、猕猴桃、柑桔、中药材、油茶等受灾面积 2600 公顷，其中绝收面积 900 余公顷；直接经济损失 9300 余万元。

(8)4 月 24 日，江西省吉安、抚州、赣州等 4 市 15 个县(区)遭受大风、冰雹、暴雨等强对流天气袭击。其中吉安市永丰县日最大降水量 110.9 毫米，最大风速 26.1 米/秒，冰雹平均直径 10 毫米；赣州市宁都县最大风速 18.8 米/秒，1 小时最大降水量 35 毫米。共计 12.6 万人受灾，2 人死亡；近 2100 间房屋不同程度损坏；农作物受灾面积 8300 公顷，其中绝收面积 300 余公顷；直接经济损失 9500 余万元。

(9)4 月 24—26 日，福建省出现大范围的雷雨大风冰雹天气，南平、三明、宁德、福州、龙岩、漳州等市 22 个县(市)出现冰雹，冰雹直径 20～30 毫米，三明市泰宁县峨眉峰景区极大风速达 35.4 米/秒，宁德蕉城区八都镇极大风速达 38.7 米/秒。三明、南平 2 市共有 3 万人受灾；农作物受灾面积 7000 公顷；倒塌房屋 15 间，损坏房屋 500 余间；直接经济损失达 2 亿元。

(10)4 月 25 日，云南省昭通市鲁甸县、巧家县、昭阳区，曲靖市宣威市、富源县、会泽县，大理白族自治州鹤庆县遭受风雹灾害，其中昭阳区风雹持续时间 40 分钟左右。共计 2.1 万人受灾；玉米、马铃薯、旱烟、豆类、花椒、苹果、葡萄、蔬菜等受灾面积 8000 多公顷，其中绝收面积近 1700 公顷；直接经济损失 1.67 亿元。

(11)4 月 26—27 日，甘肃省白银、定西、甘南、临夏、兰州 5 市(自治州)15 个县(区)局部地区出现冰雹、大风、短时强降水等强对流天气。其中，临夏回族自治州永靖县 1 小时最大雨强 30.9 毫米，县城极大风速 20.2 米/秒，冰雹直径达 30～50 毫米，16 人受轻微伤，市政设施和花卉苗木严重受损，城区路灯、城市亮化设施、楼体保温层、公交车站大面积破损，部分房屋玻璃破损，县城三分之一区域停电、停水，跳闸电力线路 14 条、五级电杆倒杆，数千辆汽车挡风玻璃、车身受损，强降雨还造成城市严重内涝，景点景区标识标牌、路灯、视频监控等损坏严重；康乐县风雹灾害过程持续时间 8 分钟，最大冰雹直径 25 毫米。白银市靖远县冰雹直径 5～40 毫米；景泰县降雹持续 3 分多钟。全省共计 15.1 万人受灾；近 200 间房屋不同程度损坏；花椒、果树、玉米等农作物受灾面积 1.51 万公顷，其中绝收面积 1000 公顷；直接经济损失 4.5 亿元。

(12)5 月 3—4 日，新疆阿克苏地区阿克苏市、阿瓦提县、乌什县、库车县、沙雅县和巴音郭楞蒙古自治州尉犁县以及兵团一师阿拉尔辖区 2 团、3 团、7 团、8 团、9 团、10 团等团场出现短时强降雨、雷电、冰雹、大风等强对流天气。至少 1.9 万人受灾；棉花、玉米、小麦、孜然、甜瓜、蔬菜等共计受灾面积 8.6 万公顷，其中绝收面积 8500 多公顷；直接经济损失 2.4 亿元。

(13)5 月 15—17 日，河北省承德、张家口、唐山、廊坊 4 市 8 个县(市)遭受风雹灾害。其中，承德市兴隆县最大冰雹直径超过 50 毫米，丰宁满族自治县瞬时最大风速达 26.5 米/秒(10 级)，冰雹最大直径 20 毫米；张家口市涿鹿县降雹持续时间 20 分钟，冰雹最大直径 20 毫米；唐山市迁西县部分冰雹如鸡蛋大小，遵化市最大冰雹直径超过 50 毫米；廊坊市三河市冰雹最大直径 13 毫米。共计 5.6 万人受灾；小麦、玉米、红薯、花生、蔬菜、果树等受灾面积 5100 多公顷，其中绝收面积 2800 多公顷；4000 余间房屋不同程度损坏；直接经济损失 3.1 亿元。

(14)5 月 15—19 日，江西省萍乡、赣州、抚州、吉安、宜春等 6 市 26 个县(市、区)遭受雷雨大风、冰雹和暴雨袭击。其中，吉安市永丰县 24 小时最大降水量 122.9 毫米。全省共计 25.9 万人受灾，1 人因溺水死亡；近 100 间房屋倒塌，800 余间房屋不同程度损坏；农作物受灾面积

1.51 万公顷，其中绝收面积 900 余公顷；直接经济损失 2.8 亿元。

(15)5 月 25—26 日，贵州省安顺、黔西南、六盘水、毕节 4 市（自治州）7 个县（市、区）遭受风雹、暴雨灾害。其中，安顺市关岭布依族苗族自治县极大风速达 37.5 米/秒，最大 1 小时雨强为 92.3 毫米；平坝区降雹 1 分钟，最大冰雹直径 5 毫米；普定县极大风速 32.7 米/秒。黔西南布依族苗族自治州兴仁市最大日降水量 126.7 毫米，最大冰雹直径 10 毫米。全省共计 2.6 万人受灾；玉米、水稻、蔬菜、烤烟等受灾面积 3600 多公顷，其中绝收面积 400 多公顷；损坏房屋 1000 多间；直接经济损失 6800 多万元。

(16)6 月 4－6 日，河南省开封、驻马店、商丘、周口、安阳、濮阳、郑州、漯河、平顶山 9 市 20 个县（市、区）局地遭受暴雨、雷暴、大风、冰雹等强对流天气袭击。其中，濮阳市范县 24 小时最大降水量 54.5 毫米；开封市兰考县最大风力 9 级；周口市扶沟县冰雹似黄豆大小。风雹天气造成小麦大面积倒伏、被淹，香菇、香瓜、西瓜等经济作物受损严重，大量树木被折断，房屋、蔬菜大棚等不同程度损毁。共计受灾人口 45.2 万人；农作物受灾面积 4.09 万公顷，其中绝收面积 960 公顷；倒塌房屋 4 间，严重损坏房屋 230 间；直接经济损失 1.6 亿元。

(17)6 月 4—5 日，山东省烟台、临沂、莱芜、潍坊、日照、济南、淄博、滨州等市 17 个县（市、区）出现雷电、大风、冰雹等强对流天气。其中，烟台市龙口市极大风速 20.1 米/秒（8 级），冰雹最大直径 10 毫米；莱州市 1 小时最大降水量 18.1 毫米；蓬莱市最大冰雹直径 30 毫米。临沂市沂水县风雹持续时间 15～30 分钟不等。全省共计 12.9 万人受灾；小麦、玉米、果树等受灾面积 1.21 万公顷，其中绝收面积近 100 公顷；直接经济损失 1.1 亿元。

(18)6 月 7 日，甘肃省平凉、庆阳、定西 3 市 5 个县（市、区）遭受风雹灾害。其中，平凉市华亭县降雹持续 20 分钟，最大冰雹直径 20 毫米；庆阳市镇原县冰雹持续约 30 分钟，最大冰雹直径 10 毫米，环县冰雹持续时间 20 分钟左右，最大冰雹直径 5 毫米。共计 3.7 万人受灾；小麦、玉米、药材、马铃薯、大豆、油料、蔬菜等农作物受灾面积 4400 公顷，其中绝收面积 1300 公顷；直接经济损失 8500 余万元。

(19)6 月 8—9 日，新疆阿克苏、巴音郭楞 2 地区（自治州）5 个县（市）遭受冰雹、暴雨灾害。1 万人受灾；棉花、果树等农作物受灾面积 5100 公顷，其中绝收面积近 500 公顷；直接经济损失 7200 余万元。

(20)6 月 19 日，吉林省四平市伊通满族自治县、吉林市蛟河市、白山市长白朝鲜族自治县遭受风雹灾害。其中，蛟河市冰雹最大直径达 20 毫米，全市受灾人口 4.5 万人，水稻、玉米、果树、黄烟等农作物受灾面积 1.88 万公顷，其中绝收面积 330 余公顷；直接经济损失 6600 多万元。

(21)6 月 23—26 日，内蒙古巴彦淖尔、呼伦贝尔、赤峰、兴安、锡林郭勒 5 市（盟）8 个旗（区）遭受风雹灾害。其中，巴彦淖尔市乌拉特中旗最大雨强 33.3 毫米/小时，降雹时长约 20 分钟；五原县降雹持续 5 分钟，冰雹直径约 10 毫米。呼伦贝尔市莫力达瓦达斡尔族自治旗冰雹直径 25～45 毫米，持续时间长达 30～35 分钟；鄂伦春自治旗降雹持续约 35 分钟，最大冰雹直径 25 毫米，地面积雹厚度约 1 厘米。赤峰市松山区降雹约 10 分钟，最大冰雹直径 30 毫米；翁牛特旗冰雹最大直径 10 毫米，降雹最长时间 30 分钟。锡林郭勒盟阿巴嘎旗最大雨强达 58.8 毫米/小时。共计 5.8 万人受灾；玉米、甜菜、大豆、葵花、葫芦等农作物受灾面积 5.1 万公顷，其中绝收面积 600 多公顷；直接经济损失 1.97 亿元。

(22)6 月 28 日，内蒙古赤峰市巴林右旗、翁牛特旗、敖汉旗先后出现冰雹、雷电大风、短时强降水天气。重灾地区冰雹直径10～15毫米，降雹最长时间30分钟，近70厘米高的玉米被砸成光杆，高粱、谷子被砸断，豆类、甜菜被砸烂，258只羊被洪水冲走。共计3.87万人受灾；农作物受灾面积2.09万公顷，其中绝收面积1951公顷；直接经济损失1.0亿元。

(23)7月1—3日，黑龙江省哈尔滨、齐齐哈尔、绥化、牡丹江、七台河等6市18个县(市、区)出现短时强降水、雷电、冰雹等强对流天气。共计3.6万人受灾；大豆、玉米、蔬菜等农作物受灾面积2.63万公顷，其中绝收面积1300公顷；直接经济损失9200余万元。

(24)7月3日17时30分前后，辽宁省铁岭市开原市出现龙卷风、冰雹、短时强降水等强对流天气，给当地造成严重损失。龙卷风始发生于开原市金钩子镇金英村北约500米，在中固镇清水沟子村北约1500米消散。全程直线距离约15千米。全市共计4个乡镇(街)、19个村受灾，受灾人数达2.86万人，其中6人死亡。玉米、大豆等农作物受灾面积9733公顷，其中绝收面积653公顷；直接经济损失10.8亿元。

(25)7月4—5日，山西省大同、忻州、太原、阳泉4市7个县(市、区)遭受风雹灾害。其中，大同市阳高县冰雹持续约15分钟，灵丘县冰雹直径50～60毫米；忻州市河曲县最大冰雹直径约9毫米。共计4.56万人受灾，雷击死亡1人(阳高县)；玉米、谷子、黍子、大豆、荞麦等农作物受灾面积1.35万公顷，其中绝收面积2700多公顷；直接经济损失1.68亿元。

(26)7月6—8日，山东省济宁、临沂、滨州、济南、潍坊、聊城、菏泽7市12个县(市、区)遭受风雹灾害。其中，临沂市蒙阴县冰雹最大直径30毫米，持续时间20分钟；临沭县日降水量78.1毫米，极大风速23.0米/秒，冰雹最大直径约20毫米。滨州市高新区1小时最大降水量46.4毫米；沾化区阵风8～10级大风；无棣县降雹大约持续15分钟。共计17.2万人受灾；200余间房屋不同程度损坏；玉米、棉花、花生、大豆、蔬菜等农作物受灾面积1.41万公顷，其中绝收面积7900公顷；直接经济损失3.6亿元。

(27)7月6日，江苏省自北向南遭受一次罕见强对流天气袭击，过程历时18个小时，全省最大过程降水量142.3毫米(连云港苍梧绿园)，1小时最大降水量达104.8毫米，最大风力达11级，最大冰雹直径达50毫米(淮安市洪泽县)。强对流天气所经之处，农业生产受到不同程度的影响。冰雹将徐州棉花、玉米、果蔬等作物及设施大棚砸坏；强降水导致部分水稻、玉米、大豆、花生等作物被淹；大风导致部分地区玉米等作物倒伏、大棚受损。徐州、连云港、宿迁、淮安等市16个县(市、区)共计3.4万人受灾，2人死亡；1万间房屋不同程度损坏；农作物受灾面积9400公顷，其中绝收面积3700公顷；直接经济损失1.9亿元。

(28)7月16—17日，内蒙古兴安、赤峰、乌兰察布、包头等6市(盟)12个县(市、区、旗)遭受雷雨、大风、冰雹、暴雨等强对流天气袭击。其中，赤峰市克什克腾旗冰雹直径5毫米左右；兴安盟阿尔山市冰雹最大直径达80毫米，最大小时雨强25.3毫米。共计1.3万人受灾，1人雷击死亡；玉米、大豆、小麦等农作物受灾面积8500公顷，其中绝收面积400余公顷；直接经济损失5300余万元。

(29)7月19—20日，内蒙古巴彦淖尔、呼伦贝尔、呼和浩特等4市9个县(区、旗)遭受短时大风、强降雨、冰雹袭击。其中，巴彦淖尔市临河区雹粒如黄豆大小，降雹时间持续十几分钟。共计3.4万人受灾；小麦，葵花，番茄，玉米等农作物受灾面积2.45万公顷，其中绝收面积200余公顷；直接经济损失7900余万元。

(30)7月19日，云南省昆明市石林彝族自治县、嵩明县，曲靖市陆良县，玉溪市江川区、易门县、红塔区，红河哈尼族彝族自治州泸西县出现雷暴、大风、冰雹、短时强降水等强对流天气。

其中，陆良县风雹持续时间 12 分钟左右，最大冰雹直径 15 毫米，最大风速超过 21 米/秒；江川区降雹 5 分钟左右，冰雹直径 6 毫米左右；红塔区最大冰雹直径约 5 毫米，持续时间约 13 分钟。共计超过 6000 人受灾；烤烟、玉米、蔬菜等农作物受灾面积近 3000 公顷，其中绝收面积近 1200 公顷；直接经济损失超过 1 亿元。

(31)7 月 24—25 日，吉林省四平、辽源、白城等 5 市 8 个县(市、区)遭受风雹灾害，其中白城市洮南市冰雹最大直径 5 毫米。共计 6.8 万人受灾；玉米等、辣椒、西瓜等农作物受灾面积 2.34 万公顷，其中绝收面积 100 余公顷；直接经济损失 8900 余万元。

(32)7 月 27—29 日，河北省秦皇岛、张家口、唐山、邢台、保定等 9 市 31 个县(市、区)遭受暴雨、风雹灾害。其中，邯郸市永年区瞬时极大风速达 37.3 米/秒；邢台市广宗县 1 小时最大降水量达 107.8 毫米；沧州市肃宁县最大日降水量 121.0 毫米；石家庄市灵寿县 24 小时平均降水量 81.3 毫米；张家口市涿鹿县冰雹直径约 8 毫米，极大风速达 30.6 米/秒。全省共计 11 万人受灾；近 100 间房屋不同程度损坏；玉米、棉花、谷子、烟叶、油葵等农作物受灾面积 8200 公顷，其中绝收面积近 700 公顷；直接经济损失近 4800 万元。

(33)7 月 28—29 日，黑龙江省哈尔滨、齐齐哈尔、鸡西、鹤岗、双鸭山等 10 市 56 个县(市、区)遭受洪涝、风雹灾害。其中，齐齐哈尔市甘南县极大风速达 33.8 米/秒；绥化市庆安县 4 个多小时降水量 35.7 毫米，阵风 8 级以上；黑河市嫩江县 4 个小时最大降水量 52.8 毫米；双鸭山市集贤县 8 个小时最大降水量达 75.9 毫米，最大风力达 9 级。共计 22.7 万人受灾；2400 余间房屋不同程度损坏；玉米、水稻、大豆等农作物受灾面积 13.96 万公顷，其中绝收面积 1.16 万公顷；直接经济损失 5.2 亿元。

(34)8 月 1—6 日，湖北省十堰、恩施、襄阳、宜昌等市(州)13 个县(市、区)遭受洪涝、风雹灾害。据不完全统计，全省 9.4 万人受灾，30 人死亡(26 人溺水、4 人房屋倒塌所致)，3 人失踪；玉米、蔬菜、烟叶等农作物受灾面积 4700 公顷，其中绝收面积 700 公顷；倒塌房屋 100 多间，损坏房屋 1700 多间；直接经济损失 2.8 亿元。其中，8 月 4 日，恩施土家族苗族自治州鹤峰县燕子镇躲避峡景区山洪造成 13 人死亡；8 月 6 日，十堰市郧阳区洪涝造成 13 人死亡，2 人失踪。

(35)8 月 2—5 日，内蒙古鄂尔多斯、通辽、巴彦淖尔等 7 市 16 个县(区、旗)遭受风雹灾害。1.3 万人受灾，1 人因雷击死亡，1 人失踪；农作物受灾面积 9.8 千公顷，其中绝收面积 2 千公顷；直接经济损失 4800 余万元。

(36)8 月 5 日，山西省朔州市右玉县和大同市云州区、浑源县、天镇县相继遭受短时强降水、冰雹等强对流天气袭击。共计 2900 多人受灾；玉米、黄花、豆类、杂粮等农作物受灾面积 1500 多公顷，其中成灾面积 1100 多公顷；直接经济损失 1010 万元。

(37)8 月 6—9 日，内蒙古乌兰察布、鄂尔多斯、包头、呼伦贝尔、兴安等市(盟)14 个县(市、旗)遭受大风、冰雹、暴雨等强对流天气袭击。其中，兴安盟突泉县最大冰雹直径约 15 毫米，持续时间约 10 分钟；巴彦淖尔市临河区冰雹似黄豆大小，持续十几分钟。共计 3.9 万人受灾；玉米、马铃薯、荞麦、葵花等农作物受灾面积 2.88 万公顷；直接经济损失 4500 多万元。

(38)8 月 11—12 日，湖北省宜昌、恩施、襄阳、十堰、荆门 5 市(州)20 个县(市、区)遭受雷暴大风、冰雹、暴雨袭击。其中，宜昌市猇亭区最大风速 28.5 米/秒(11 级)，最大 1 小时降水量 32.2 毫米。共计 17.5 万人受灾，1 人因树木倒压死亡；倒塌房屋 37 间；玉米、辣椒、烟叶等农作物受灾面积 8100 公顷，其中绝收面积 1590 公顷；直接经济损失 2.14 亿元。

(39)8 月 12—14 日，云南省曲靖、保山、楚雄、昭通、玉溪、文山、昆明市、红河 8 市(州)18 个县(市)遭受风雹灾害。其中，文山壮族苗族自治州文山市暴雨并伴随冰雹持续近半小时，局地 1 小时降水量 15.1 毫米。玉溪市江川区降雹 1 分钟，冰雹最大直径 5 毫米；峨山彝族自治县冰雹最大直径约 10 毫米，持续约 5 分钟。全省共计 6.7 万人受灾；烤烟、玉米、水稻等农作物受灾面积 6400 公顷，其中绝收面积 1150 公顷；损坏房屋 80 多间；直接经济损失 1.2 亿元。

(40)8 月 16 日，山东省部分地区遭受短时强降水和雷暴大风等强对流天气袭击，临邑、商河、邹平、青州、济阳、安丘、诸城、沂水等县(市、区)出现冰雹。其中，日照市五莲县最大冰雹直径约 20 毫米，极大风速 30.6 米/秒(风力 11 级)；临沂市沂水县风雹持续约 40 分钟，莒南县最大降水量 57.2 毫米。风雹天气共造成 3.15 万人受灾；玉米、花生、黄烟、地瓜、果树、露天蔬菜等农作物受灾面积 1.52 万公顷，其中绝收面积 1.01 万公顷；损坏房屋 500 多间、大棚 1700 多座；直接经济损失 3.5 亿元。

(41)8 月 25—26 日，内蒙古通辽市库伦旗、奈曼旗和赤峰市敖汉旗局部地区出现短时强降雨、雷暴大风、冰雹等强对流天气，其中库伦旗最大雨强 52.1 毫米/小时，奈曼旗冰雹最大直径 30 毫米，敖汉旗风雹持续时间近 1 个小时。8 月 26 日，兴安盟突泉县、赤峰市敖汉旗、通辽市奈曼旗局部地区又遭受大风、冰雹、暴雨等强对流天气袭击，其中奈曼旗最大雨强 27.3 毫米/小时，极大风速达到 9 级(23.1 米/秒)。2 天累计 4.3 万人受灾；玉米、绿豆、谷子、高粱等农作物受灾面积 1.34 万公顷，其中绝收面积 800 多公顷；直接经济损失 7200 万元。

(42)8 月 29 日 02—03 时，海南省屯昌县新兴镇、西昌镇出现龙卷风，造成 22 间住房损坏；1.4 万株橡胶、9500 多株槟榔受损；直接经济损失 677 万元。04 时前后，儋州市那大镇、雅星镇、大成镇和白沙黎族自治县打安镇、七坊镇也遭受龙卷风袭击。其中，儋州市受灾人口 3223 人，因灾死亡 8 人，伤 5 人；农作物受灾面积 37 公顷；倒塌房屋 35 间，损坏房屋 274 间；直接经济损失 9137 万元。

(43)10 月 17 日，甘肃省平凉、庆阳 2 市 4 个县(区)发生冰雹灾害。其中，平凉市灵台县冰雹持续时间 10 分钟左右，最大冰雹直径 20 毫米；泾川县降雹时间 3～4 分钟，冰雹如黄豆大小；崇信县最大冰雹直径 10 毫米左右，是该县近年来出现最晚的一次冰雹。庆阳市西峰区冰雹持续 40 分钟，最大冰雹直径约 10 毫米。4 个县(区)共计 2.4 万人受灾；农作物受灾面积 2000 公顷，其中绝收面积近 100 公顷；损坏设施大棚约 1700 座；直接经济损失 1.2 亿元。

附录 C 国内外主要气象灾害分布图

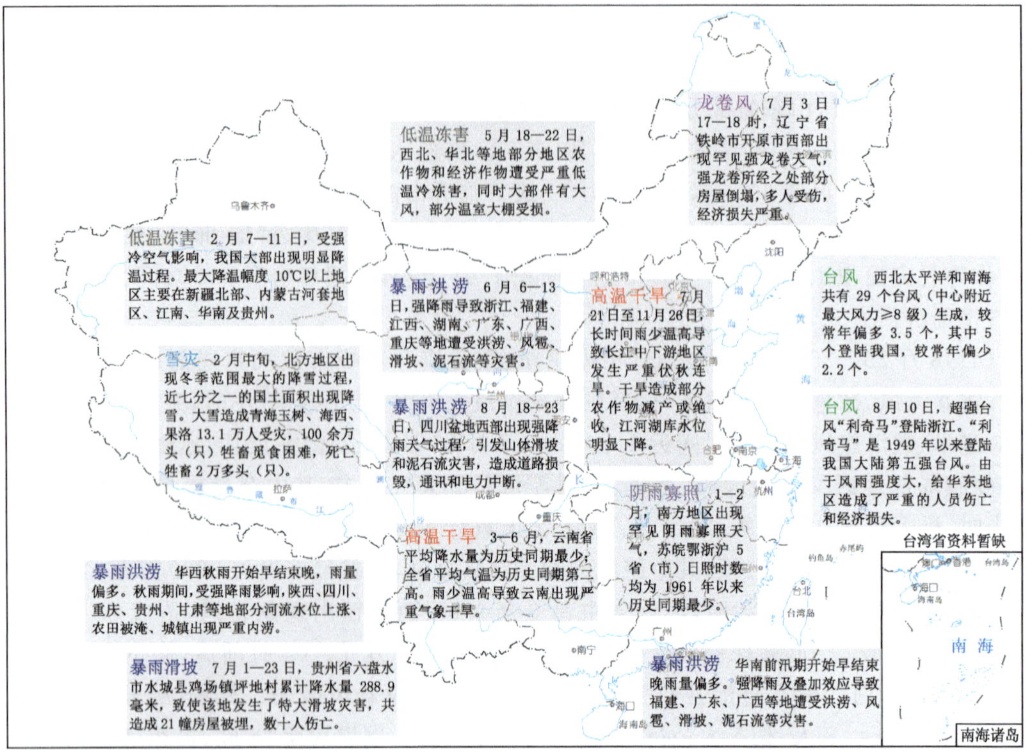

图 C.1 2019 年国内(上)、国外(下)主要气象灾害分布图

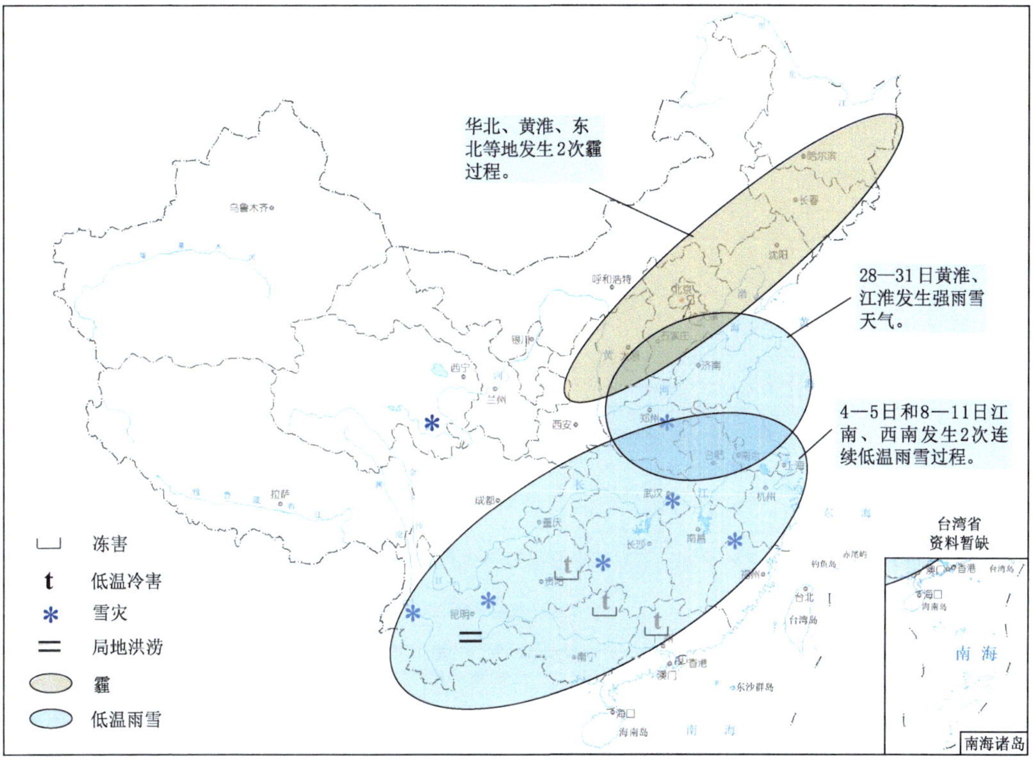

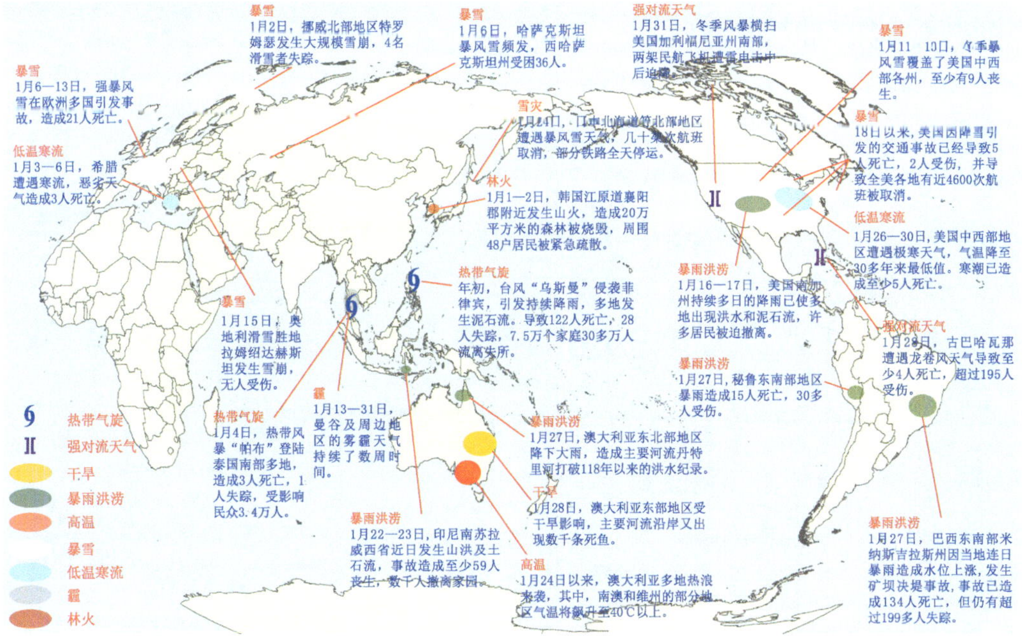

图 C.2　2019 年 1 月国内(上)、国外(下)主要气象灾害分布图

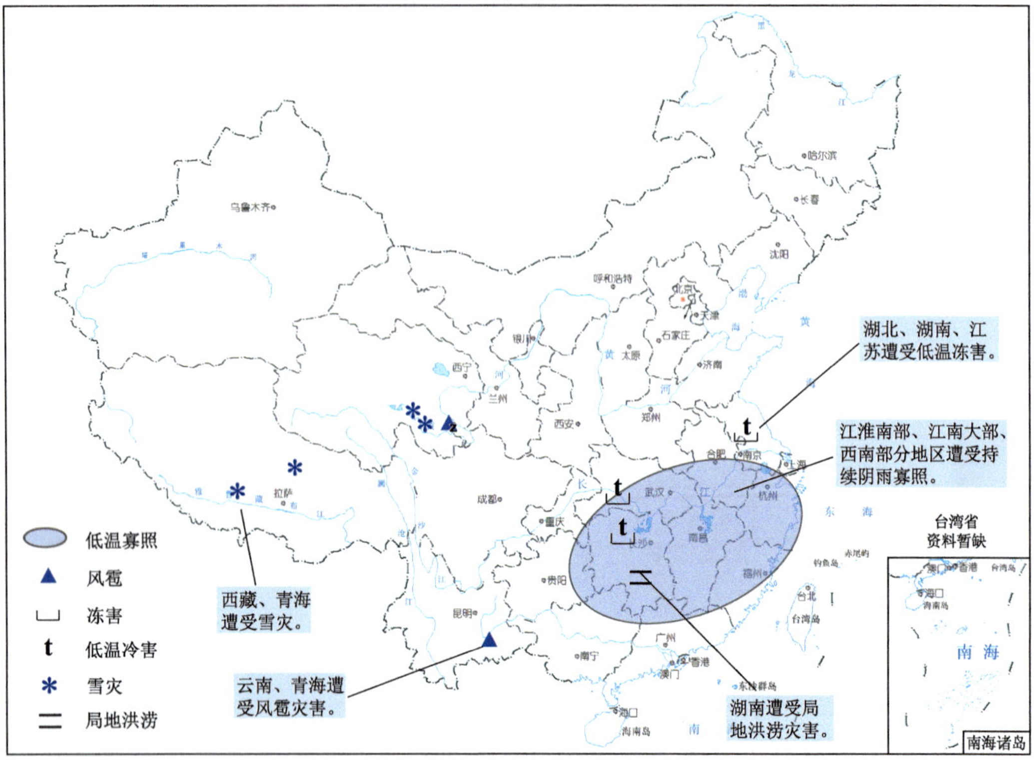

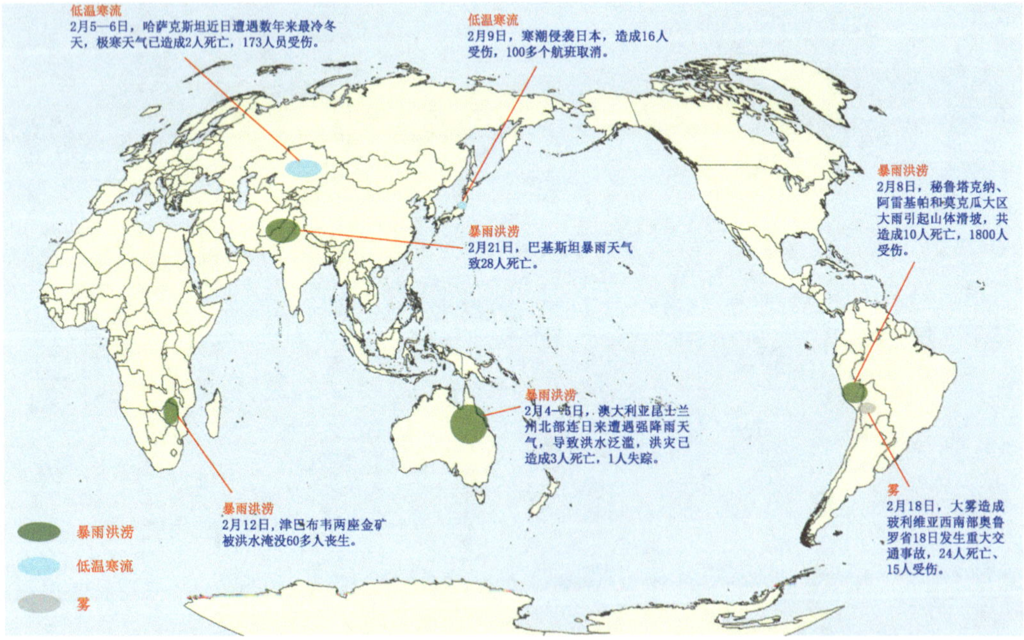

图 C.3　2019 年 2 月国内(上)、国外(下)主要气象灾害分布图

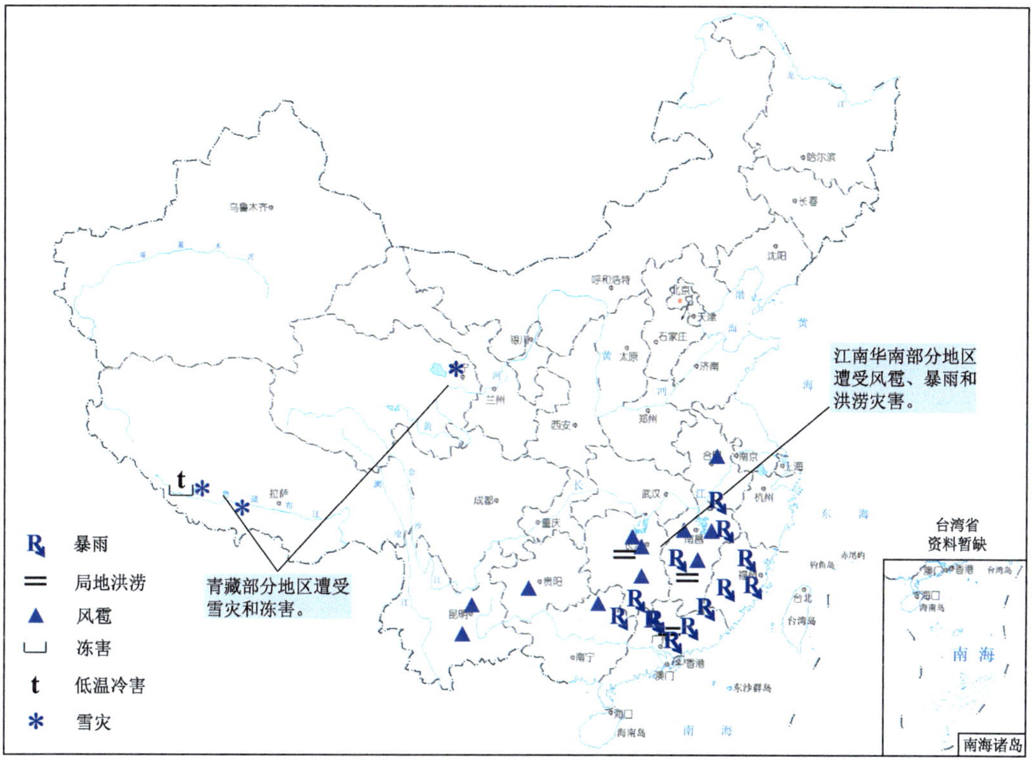

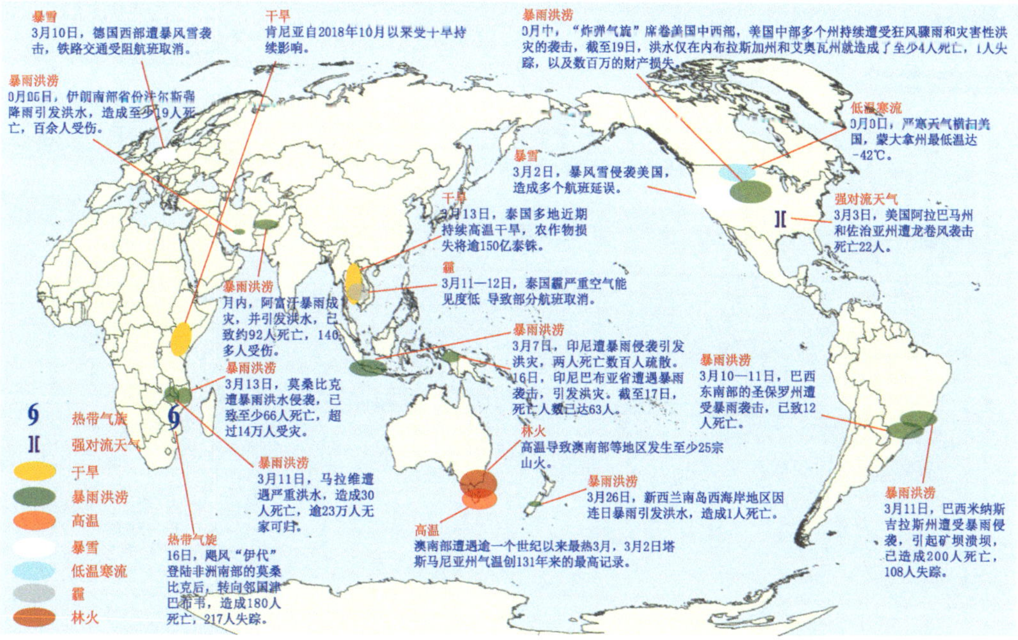

图 C.4 2019 年 3 月国内(上)、国外(下)主要气象灾害分布图

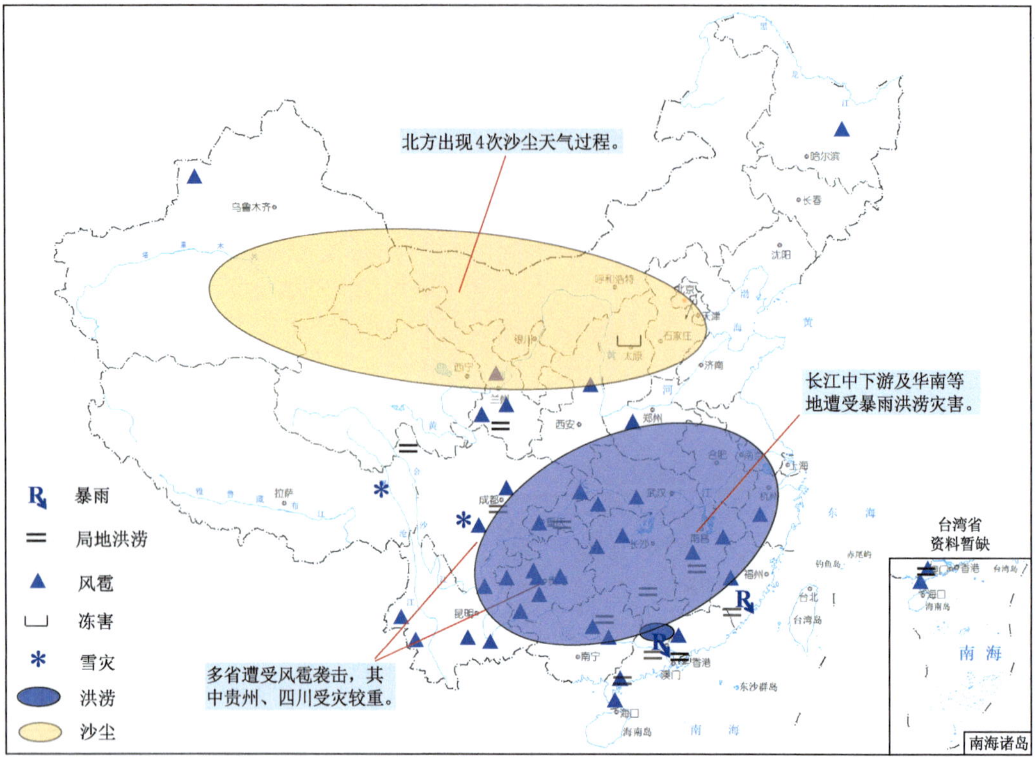

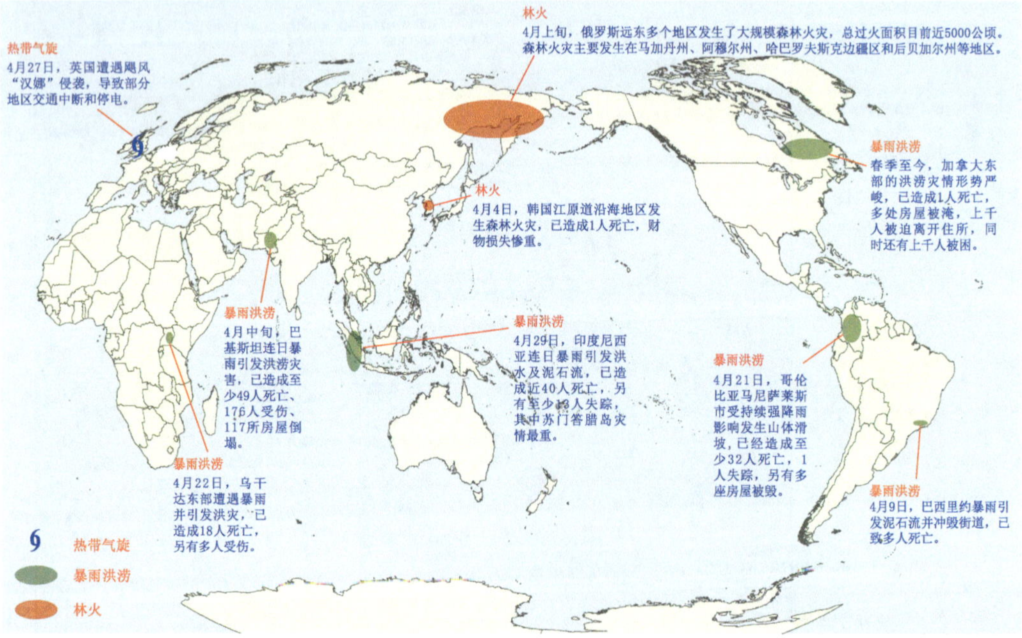

图 C.5　2019 年 4 月国内(上)、国外(下)主要气象灾害分布图

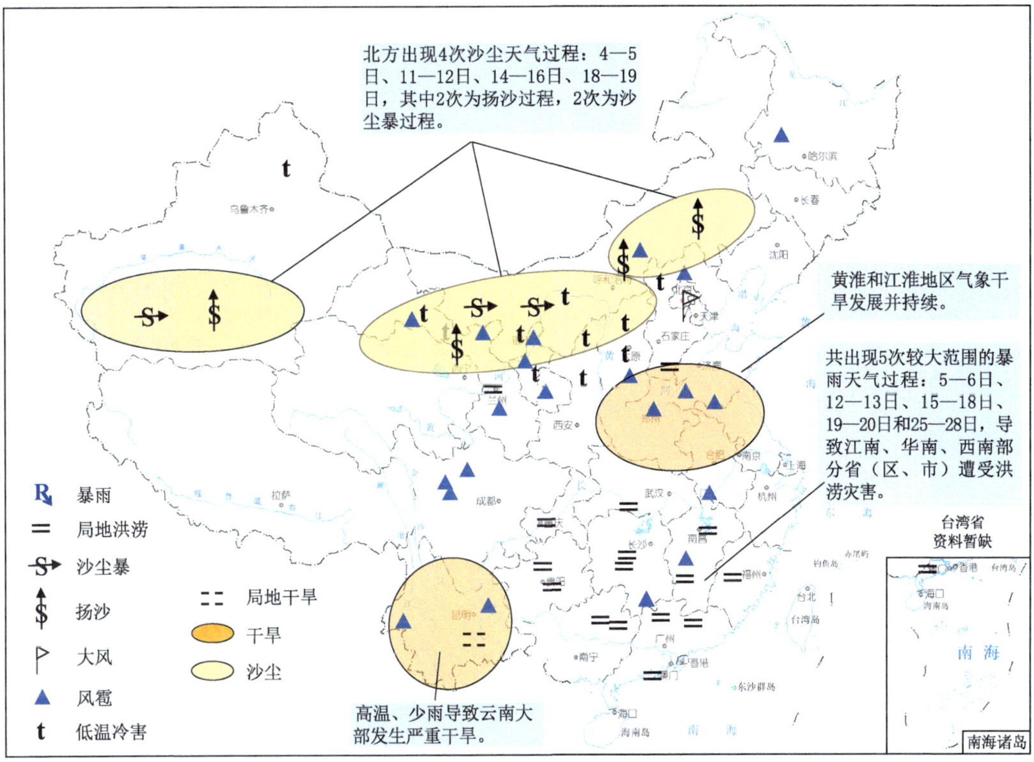

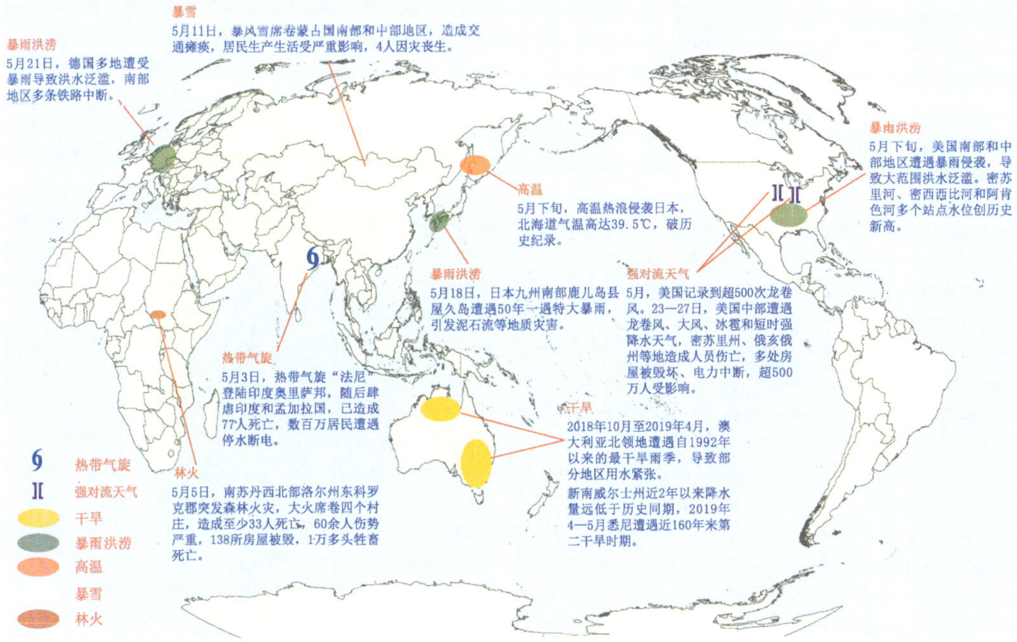

图 C.6　2019 年 5 月国内(上)、国外(下)主要气象灾害分布图

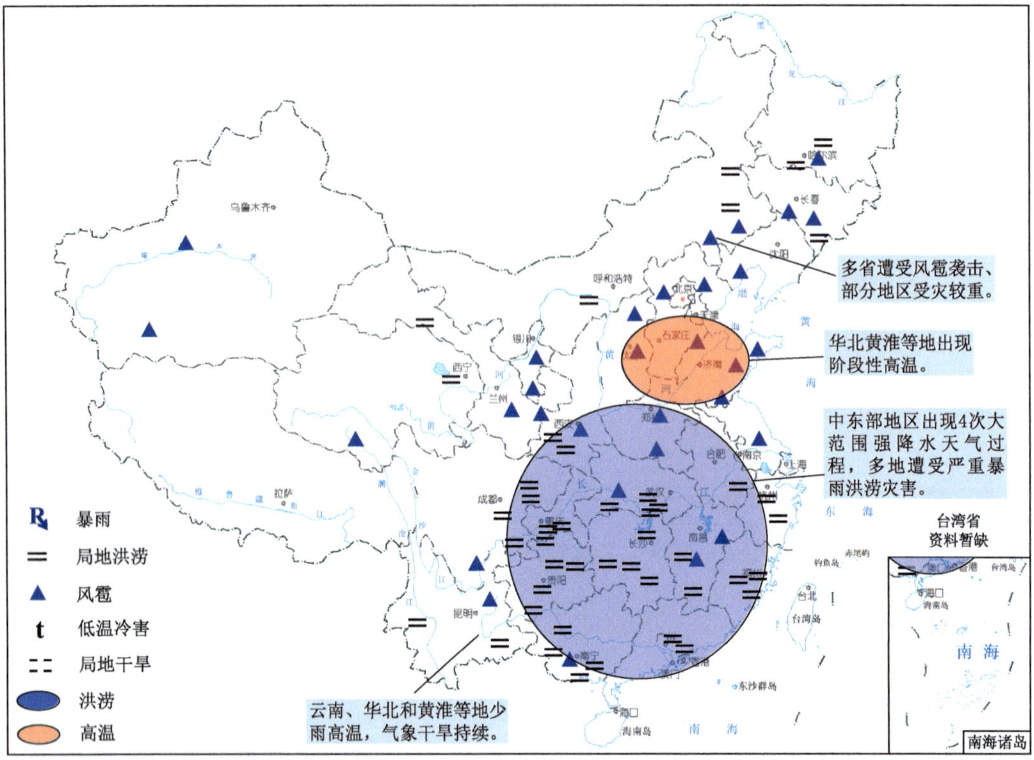

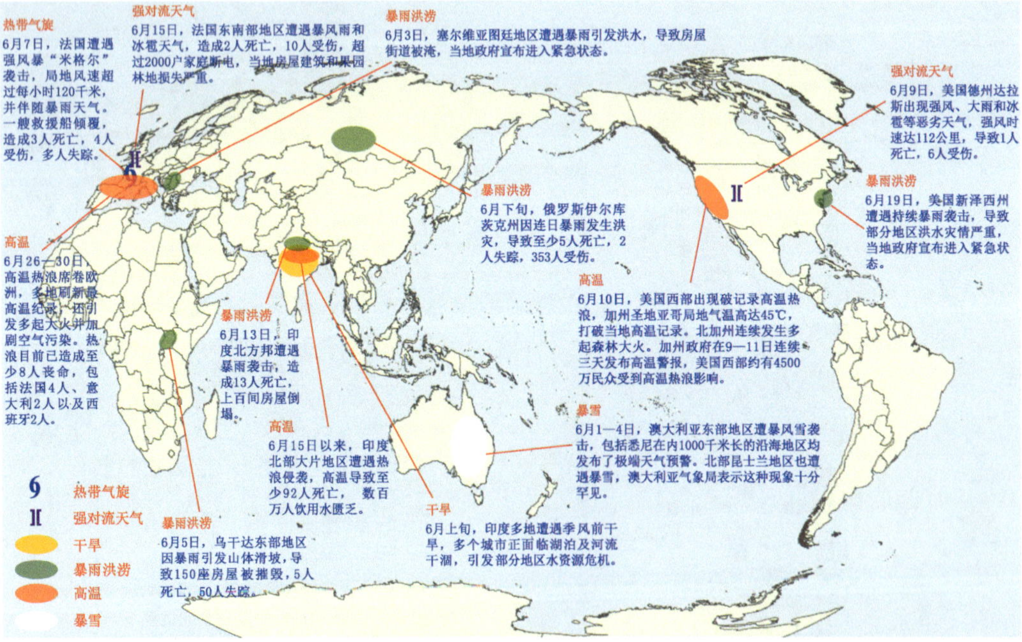

图 C.7　2019 年 6 月国内(上)、国外(下)主要气象灾害分布图

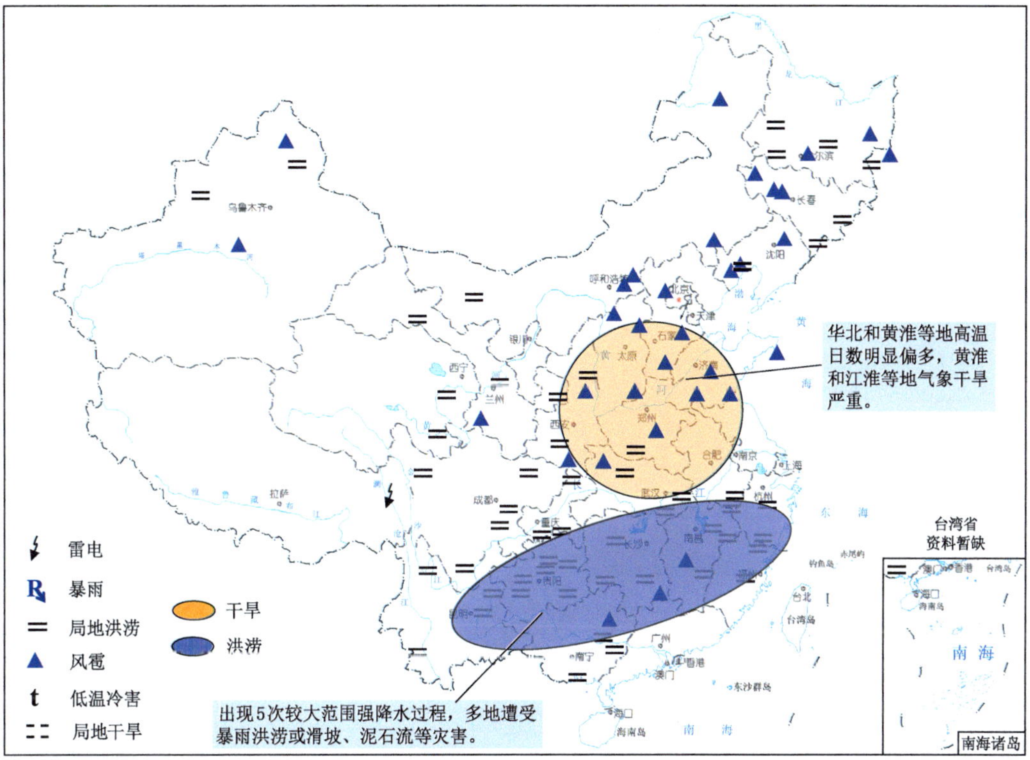

图C.8 2019年7月国内(上)、国外(下)主要气象灾害分布图

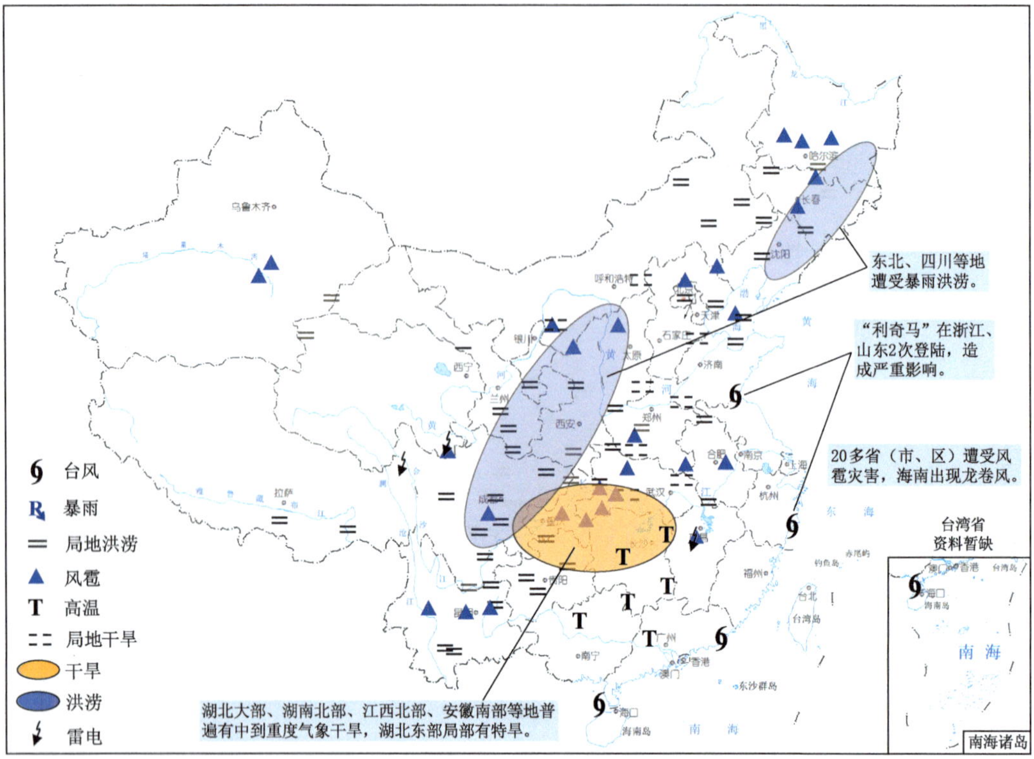

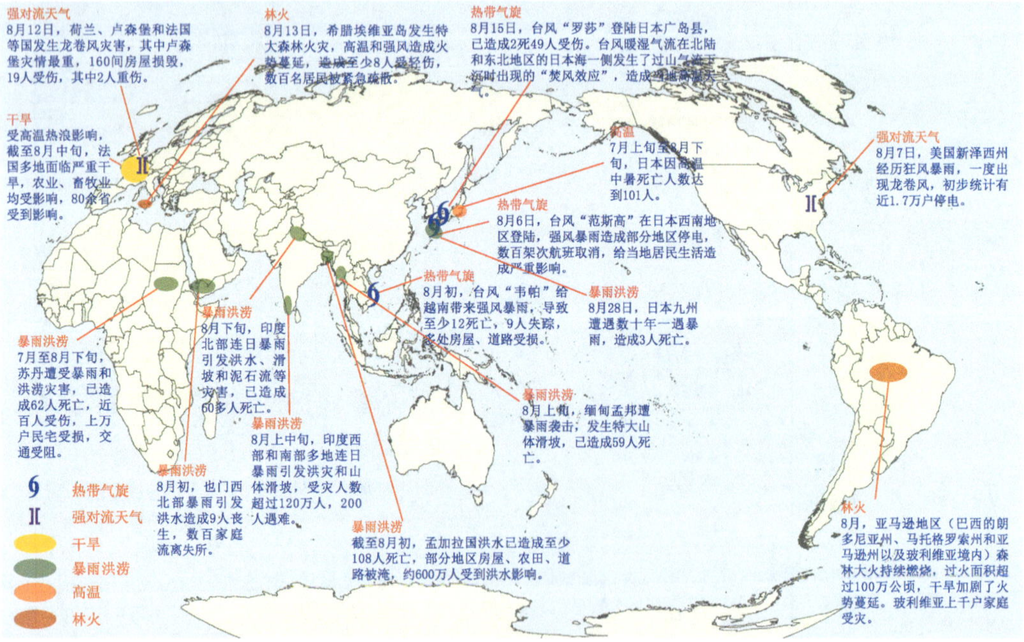

图 C.9　2019 年 8 月国内(上)、国外(下)主要气象灾害分布图

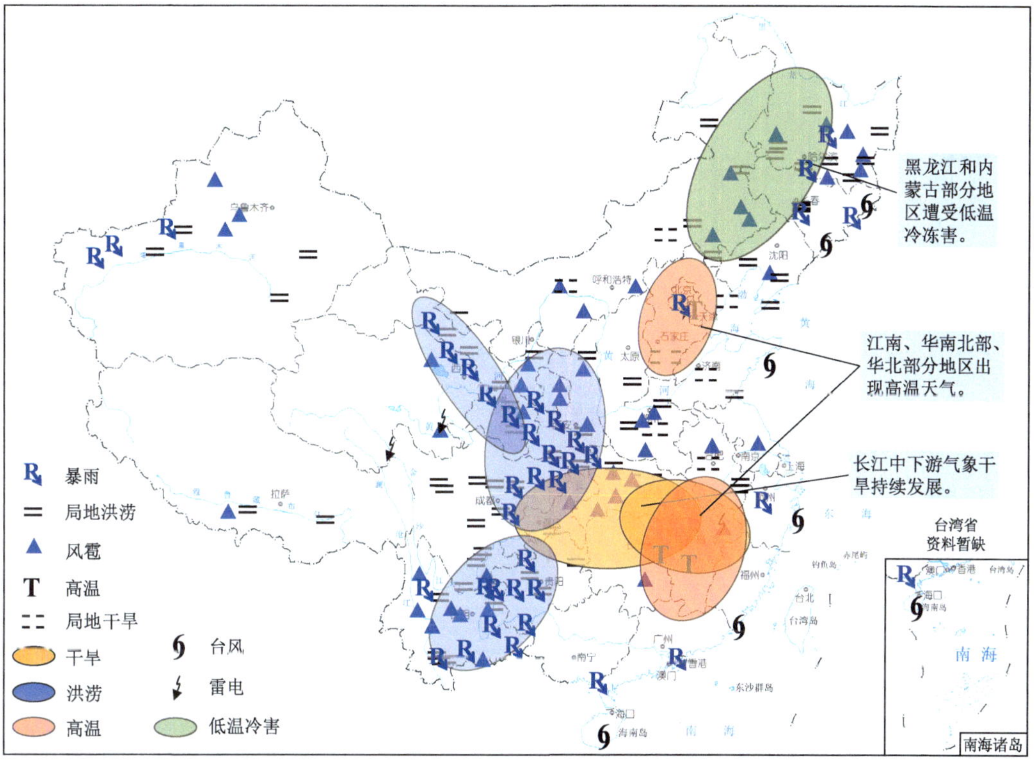

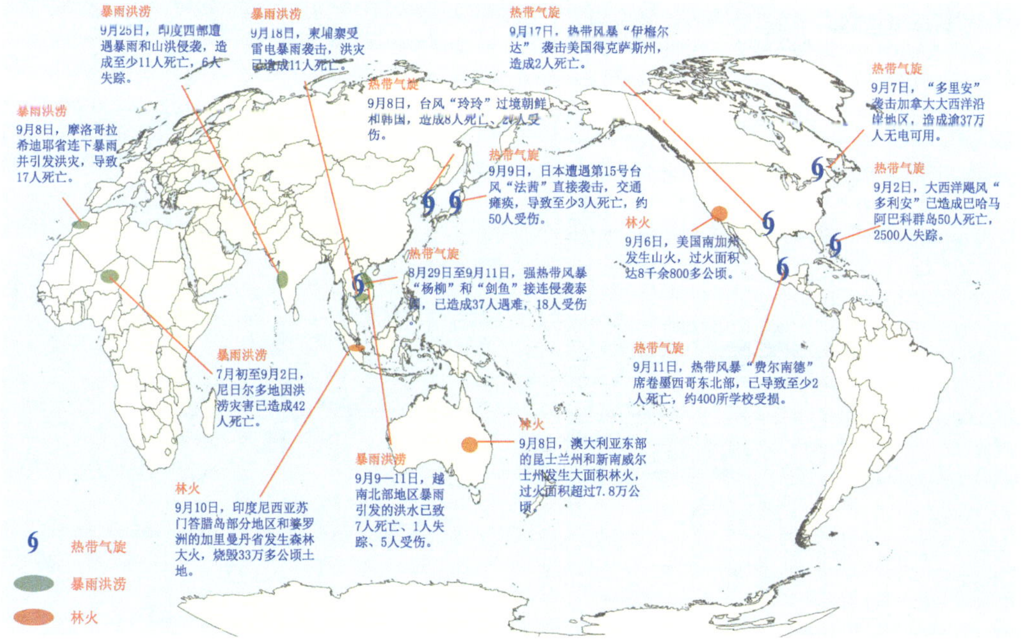

图 C.10　2019 年 9 月国内(上)、国外(下)主要气象灾害分布图

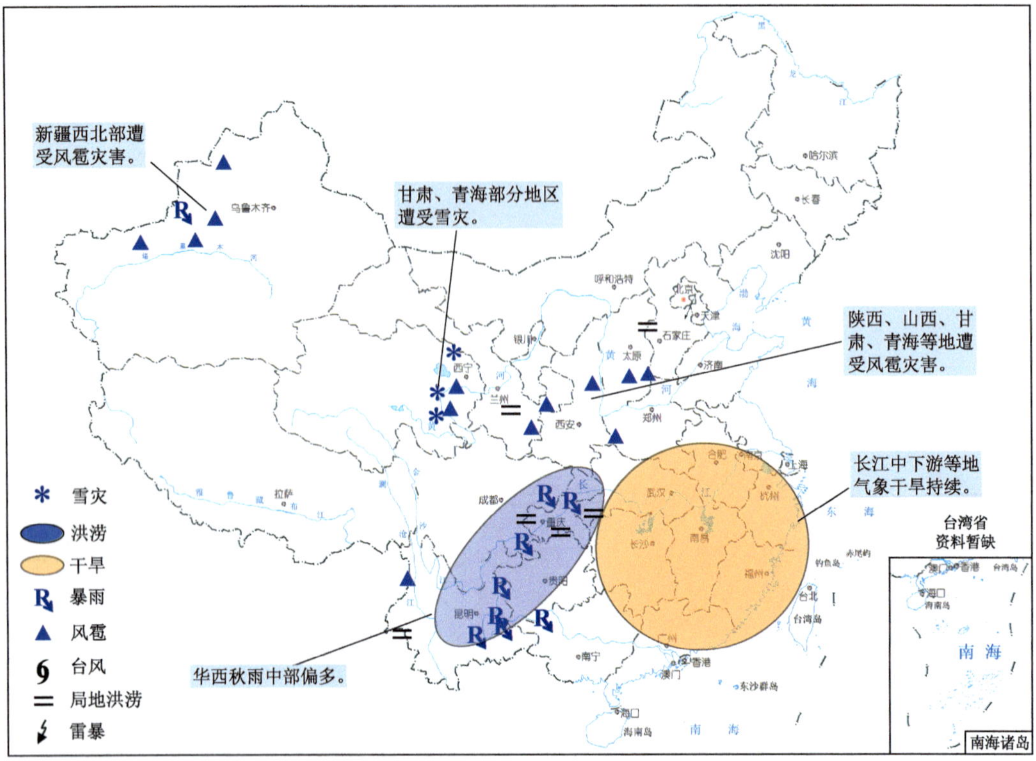

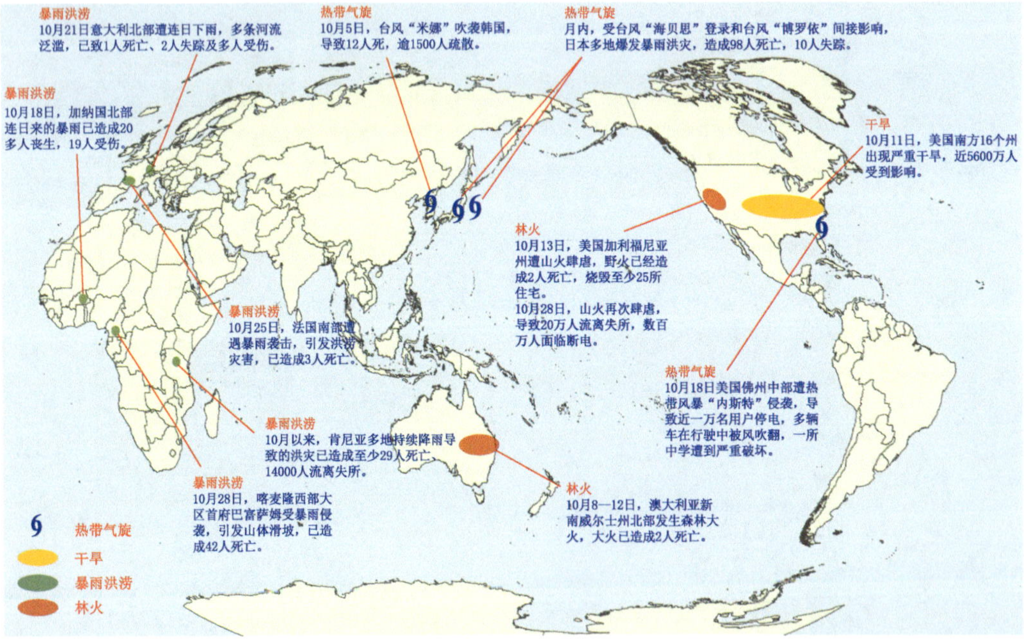

图 C.11　2019 年 10 月国内(上)、国外(下)主要气象灾害分布图

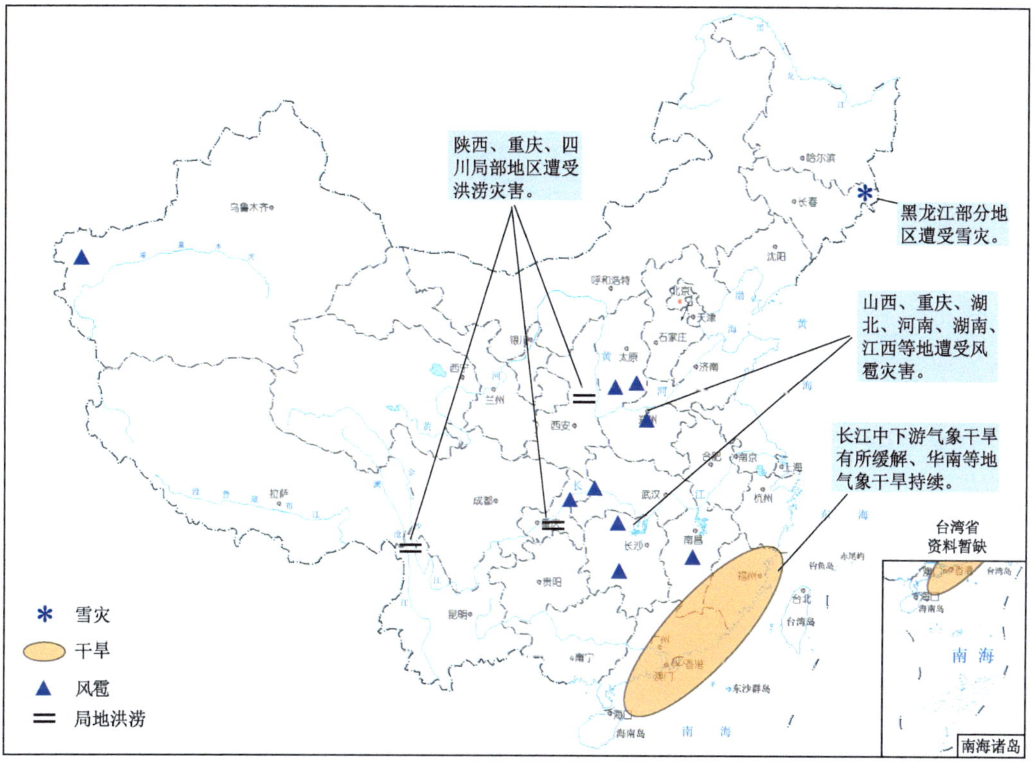

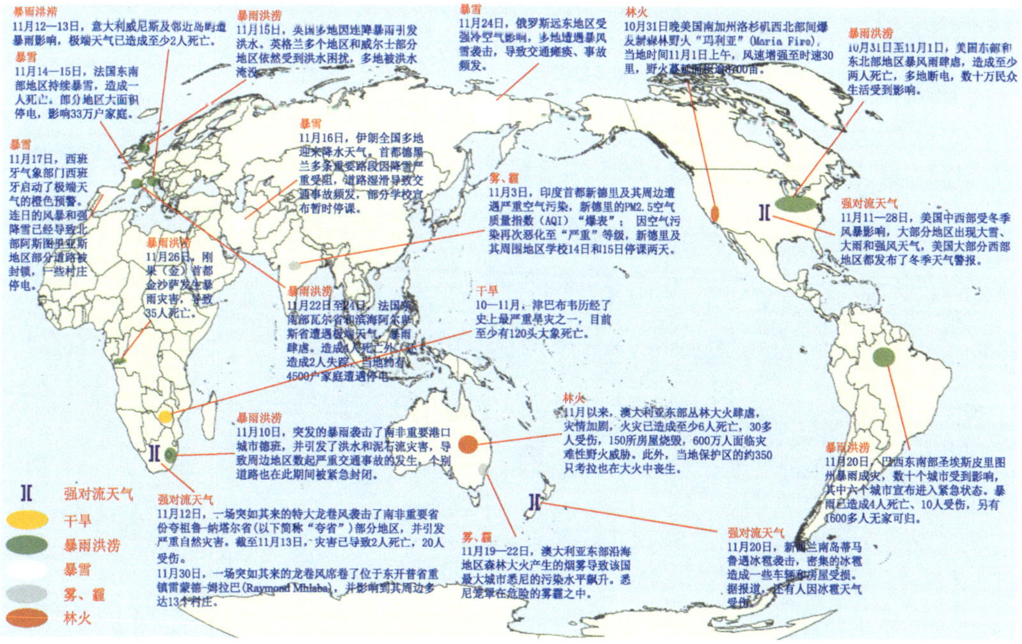

图 C.12　2019 年 11 月国内(上)、国外(下)主要气象灾害分布图

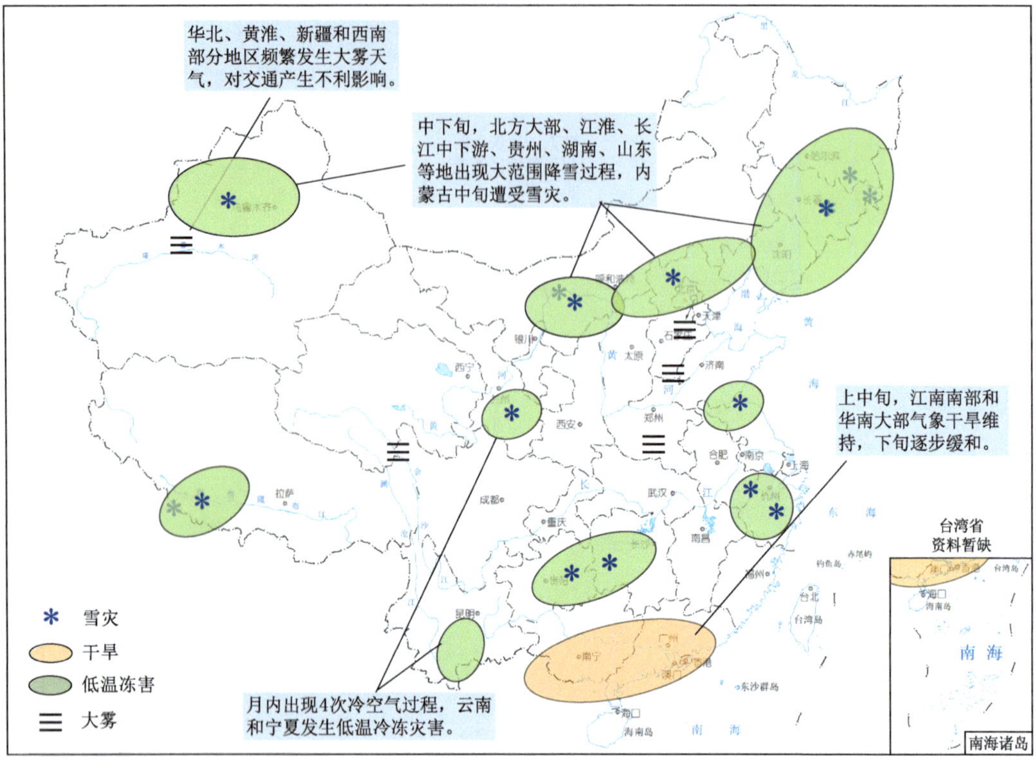

图 C.13　2019 年 12 月国内(上)、国外(下)主要气象灾害分布图

参考文献

高建国,2008 灾害对社会影响和损失大小的一个可量化值——灾度[C].2008 中国可持续发展论坛论文集.

徐敬海,聂高众,李志强,等,2012.基于灾度的亚洲巨灾划分标准研究[J].自然灾害学报,21(3):64-69.

尹宜舟,高歌,王国复,2019.气象灾害的灾体模型及其初步应用[J].气象,45(10):1439-1445.

尹宜舟,罗勇,肖风劲,等,2013.热带气旋年潜在影响力指数[J].中国科学:地球科学,43(12):2086-2098.

BELL G D, HALPERT M S, SCHNELL R C, et al,2000. Climate assessment for 1999[J]. Bulletin of the American Meteorological Society, 81(6):S1-S50.

FENG AIQING, CHAO QINGCHEN, 2020. An overview of assessment methods and analysis for climate change risk in China. Physics and Chemistry of the Earth, 117: 102861. doi: https://doi.org/10.1016/j.pce.2020.102861.

WMO, 2020. WMO statement on the state of the global climate in 2019 [EB/OL]. https://library.wmo.int/index.php?lvl=notice_display&id=21700.